市容环境卫生设备产品系列标准应用实施指南

住房和城乡建设部标准定额研究所　编著

中国建筑工业出版社

图书在版编目（CIP）数据

市容环境卫生设备产品系列标准应用实施指南/住
房和城乡建设部标准定额研究所编著. —北京：中国建
筑工业出版社，2021.6
ISBN 978-7-112-26436-0

Ⅰ.①市… Ⅱ.①住… Ⅲ.①城市环境-环境卫生-
基础设施-指南 Ⅳ.①TU993-62

中国版本图书馆 CIP 数据核字(2021)第 156149 号

责任编辑：石枫华　王雨滢
责任校对：张　颖

市容环境卫生设备产品系列标准应用实施指南
住房和城乡建设部标准定额研究所　编著
*
中国建筑工业出版社出版、发行（北京海淀三里河路 9 号）
各地新华书店、建筑书店经销
北京科地亚盟排版公司制版
北京建筑工业印刷厂印刷
*
开本：787 毫米×1092 毫米　1/16　印张：11¾　字数：289 千字
2021 年 9 月第一版　　2021 年 9 月第一次印刷
定价：50.00 元
ISBN 978-7-112-26436-0
(37708)

《市容环境卫生设备产品系列标准应用实施指南》
编委会

主任委员：李　铮
副主任委员：展　磊
编制组组长：赵　霞
编制组成员：安　淼　　余　毅　　付　乾　　吴冰思　　许雯佳
　　　　　　邱婷婷　　姚　倩　　王　星　　冯建伟　　程小珂
　　　　　　高文奎　　焦治星　　吴作清　　郑向群　　齐长青
　　　　　　张道利　　曹　丽　　陈　瑞　　祁昌伟　　汪　佳
　　　　　　周新全　　周　涛　　赵由才　　金慧宁　　韩　颖
　　　　　　朱丽可　　浦燕新　　郭明龙　　李　波　　吕长红
　　　　　　曹小刚　　薛　斌　　朱天宇　　朱　平　　陈　皎
　　　　　　郭祥信　　陈　冰　　廖茂彬　　李光伟　　张倚马
　　　　　　王玉婧
评审组成员：刘巍荣　　张　范　　王志国　　彭绪亚　　戴瑞峰
　　　　　　齐志强　　张援方

编 制 单 位

（排名不分先后）

住房和城乡建设部标准定额研究所
住房和城乡建设部市容环境卫生标准化技术委员会
上海市环境工程设计科学研究院有限公司
山东满国康洁环卫集团有限公司
长沙中联重科环境产业有限公司
北京高能时代环境技术股份有限公司

中兰环保科技股份有限公司

华中科技大学

同济大学

维尔利环保科技集团股份有限公司

宁波开诚生态技术有限公司

北京嘉博文生物科技有限公司

江苏营特泰克智能环保设备有限公司

溧阳市环境卫生管理中心

中国城市建设研究院有限公司

上海环境集团股份有限公司

北京世纪国瑞环境工程技术有限公司

上海野马环保工程有限公司

前　言

市容环境卫生是为人民群众创造清洁、优美的生活和工作环境而进行的有关市容景观和环境卫生维护等社会管理的活动，是城市公共事业的重要组成部分。

市容环境卫生主要涵盖市容景观的规划、建设和养护；环卫设施如公共厕所、废物箱、垃圾中转站、垃圾焚烧厂、垃圾卫生填埋场、垃圾堆肥处理厂、厨余垃圾处理厂、建筑垃圾处理厂、粪便处理厂等的规划、建设与运行、维护；道路、广场等公共区域的清扫保洁、洒水作业；居民区、公共区域的垃圾收集、清运等。

市容环境卫生工作始终坚持标准引路，不断创新，逐步实现了规划建设运行管理的标准化、规范化，取得了良好效果。但是，仍存在标准体系不完善，标准之间的协调性不够，部分标准内容适用性不强，一线从业人员对标准了解不全面、理解不透彻、把握不准确等问题。为此，我所组织有关单位编写了《市容环境卫生设备产品系列标准应用实施指南》（以下简称《指南》），用于指导市容环境卫生行业相关设备产品、设施的设计、应用、施工、运行管理等人员准确理解系列标准，并在实际工程中结合工程标准进行合理应用。

《指南》共分12章。第1章对国内外市容环境卫生行业发展及标准进行了梳理分析；第2章对清扫保洁相关设备产品的基本性能、应用选型进行了分析；第3章对公共厕所的设置、安装以及设备产品的基本性能进行了分析；第4章对垃圾收集转运设备产品的基本性能、应用选型进行了分析；第5章对焚烧处理垃圾接收与储存、焚烧及热能利用、烟气处理等系统设备产品性能、设计、施工、运行管理等进行了分析；第6章对卫生填埋处理防渗与封场覆盖系统、渗沥液与地下水导排系统、填埋气导排与利用等系统设备产品性能、设计、施工、运行管理等进行了分析；第7章对厨余垃圾处理接受与储存、预处理、厌氧消化、好氧生物处理等设备产品性能、设计、施工、运行管理等进行了分析；第8章对建筑垃圾处理破碎、筛分、分选及资源化系统设备产品性能、设计、施工、运行管理等进行了分析；第9章对粪便预处理接收、固液分离、螺旋输送、储存调节、絮凝脱水等系统设备产品性能、设计、施工、运行管理等进行了分析；第10章对渗沥液预处理、厌氧生物处理、膜生物反应器、纳滤及反渗透、高级氧化、蒸发、浓缩液处理等系统设备产品性能、设计、施工、运行管理等进行了分析；第11章对臭气控制与处理等系统设备产品性能、设计、施工、运行管理等进行了分析；第12章分析了市容环境卫生行业的新产品新技术发展方向以及标准需求。

《指南》编写及应用有关事项说明如下：

1.《指南》以目前颁布的市容环境卫生行业产品标准为立足点，适当引入其他行业相关标准，以产品标准在工程中的合理应用为目的的编写；

2.《指南》重点介绍市容环境卫生行业产品相关标准的应用，对标准本身的内容仅作简要说明，详细内容可参阅标准全文，本《指南》不能替代标准条文；

3.《指南》对涉及的相关标准状态进行了说明，也参考了部分即将颁布标准，相关内容仅供参考，使用中仍应以最终发布的标准文本为准；

4.《指南》及内容均不能作为使用者规避或免除相关义务与责任的依据。

由于市容环境卫生行业涵盖内容广泛，书中选材、论述、引用等可能存在不当之处，望广大读者多加理解，并及时函告以便修正，以期在后续出版中不断完善。

住房和城乡建设部标准定额研究所

2020 年 10 月

目　　录

第1章　概述 ………………………………………………………… 1

1.1　国外市容环境卫生行业发展及标准 …………………………… 1

1.1.1　欧盟 ……………………………………………………… 1

1.1.2　德国 ……………………………………………………… 2

1.1.3　日本 ……………………………………………………… 3

1.1.4　美国 ……………………………………………………… 4

1.1.5　相关标准 ………………………………………………… 6

1.2　国内市容环境卫生行业发展及标准 …………………………… 8

1.3　国内外对比分析 ………………………………………………… 15

1.3.1　生活垃圾焚烧处理 ……………………………………… 15

1.3.2　生活垃圾卫生填埋 ……………………………………… 15

1.3.3　厨余垃圾处理 …………………………………………… 17

1.3.4　建筑垃圾处理 …………………………………………… 18

第2章　清扫保洁 …………………………………………………… 20

2.1　相关标准 ………………………………………………………… 20

2.2　设备产品性能要求 ……………………………………………… 21

2.2.1　扫路车 …………………………………………………… 21

2.2.2　洗扫车 …………………………………………………… 22

2.2.3　清洗车 …………………………………………………… 22

2.2.4　洒水车 …………………………………………………… 23

2.2.5　除雪车 …………………………………………………… 24

2.2.6　电动车 …………………………………………………… 25

2.3　实践思考和建议 ………………………………………………… 26

第3章　公共厕所 …………………………………………………… 27

3.1　相关标准 ………………………………………………………… 27

3.2　活动厕所 ………………………………………………………… 28

3.3　卫生洁具 ………………………………………………………… 28

3.3.1　一般要求 ………………………………………………… 28

3.3.2　技术（设计）要求 ……………………………………… 29

3.3.3　施工要求 ………………………………………………… 31

3.4　无障碍设施 ……………………………………………………… 31

3.4.1　一般要求 ………………………………………………… 32

3.4.2　技术（设计）要求 ……………………………………… 32

  3.5 化粪池及贮粪池 ·· 32
   3.5.1 技术（设计）要求 ·· 32
   3.5.2 施工要求 ·· 35
  3.6 实践思考和建议 ·· 36
第4章 垃圾收运 ·· 37
  4.1 相关标准 ·· 37
  4.2 收集容器性能要求 ·· 38
   4.2.1 塑料垃圾桶 ·· 38
   4.2.2 废物箱 ·· 39
   4.2.3 金属垃圾箱 ·· 39
   4.2.4 埋地式垃圾收集装置 ·· 39
  4.3 收集站（点） ·· 40
   4.3.1 一般要求 ·· 40
   4.3.2 技术（设计）要求 ·· 41
   4.3.3 施工要求 ·· 42
   4.3.4 运行管理要求 ·· 42
  4.4 转运站 ··· 42
   4.4.1 一般要求 ·· 42
   4.4.2 技术（设计）要求 ·· 43
  4.5 收运车辆性能要求 ·· 43
   4.5.1 垃圾车 ·· 44
   4.5.2 压缩式垃圾车 ·· 44
   4.5.3 厨余垃圾车 ·· 45
   4.5.4 车厢可卸式垃圾车 ·· 46
  4.6 实践思考和建议 ·· 46
第5章 焚烧处理 ·· 47
  5.1 相关标准 ·· 47
  5.2 垃圾接收与储存 ·· 47
   5.2.1 一般要求 ·· 47
   5.2.2 技术（设计）要求 ·· 48
  5.3 垃圾焚烧及热能利用 ·· 49
   5.3.1 一般要求 ·· 49
   5.3.2 技术（设计）要求 ·· 50
  5.4 烟气净化 ·· 55
   5.4.1 一般要求 ·· 55
   5.4.2 技术（设计）要求 ·· 55
  5.5 实践思考和建议 ·· 59
第6章 卫生填埋处理 ·· 61
  6.1 相关标准 ·· 61

6.2　防渗与封场覆盖系统 ………………………………………………… 62
　　6.2.1　一般要求 …………………………………………………… 62
　　6.2.2　技术（设计）要求 ………………………………………… 69
　　6.2.3　施工要求 …………………………………………………… 72
　　6.2.4　运行管理要求 ……………………………………………… 77
6.3　渗沥液与地下水导排系统 …………………………………………… 77
　　6.3.1　一般要求 …………………………………………………… 77
　　6.3.2　技术（设计）要求 ………………………………………… 78
　　6.3.3　运行管理要求 ……………………………………………… 80
6.4　填埋气导排与利用系统 ……………………………………………… 80
　　6.4.1　一般要求 …………………………………………………… 80
　　6.4.2　技术（设计）要求 ………………………………………… 80
　　6.4.3　运行管理要求 ……………………………………………… 82
6.5　实践思考和建议 ……………………………………………………… 83

第7章　厨余垃圾处理 ……………………………………………………… 84
7.1　相关标准 ……………………………………………………………… 84
7.2　接收与储存 …………………………………………………………… 85
　　7.2.1　一般要求 …………………………………………………… 85
　　7.2.2　技术（设计）要求 ………………………………………… 86
　　7.2.3　施工要求 …………………………………………………… 86
　　7.2.4　运行管理要求 ……………………………………………… 86
7.3　预处理 ………………………………………………………………… 86
　　7.3.1　一般要求 …………………………………………………… 86
　　7.3.2　技术（设计）要求 ………………………………………… 87
　　7.3.3　施工要求 …………………………………………………… 94
　　7.3.4　运行管理要求 ……………………………………………… 94
7.4　厌氧消化 ……………………………………………………………… 95
　　7.4.1　一般要求 …………………………………………………… 95
　　7.4.2　技术（设计）要求 ………………………………………… 95
　　7.4.3　施工要求 …………………………………………………… 103
　　7.4.4　运行管理要求 ……………………………………………… 105
7.5　好氧生物处理 ………………………………………………………… 107
　　7.5.1　一般要求 …………………………………………………… 107
　　7.5.2　技术（设计）要求 ………………………………………… 107
　　7.5.3　运行管理要求 ……………………………………………… 111
7.6　实践思考和建议 ……………………………………………………… 112

第8章　建筑垃圾处理 ……………………………………………………… 113
8.1　相关标准 ……………………………………………………………… 113
8.2　破碎 …………………………………………………………………… 114

8.2.1 技术（设计）要求 ·· 114

8.2.2 运行管理要求 ··· 118

8.3 筛分 ··· 119

8.3.1 技术（设计）要求 ·· 119

8.3.2 运行管理要求 ··· 121

8.4 分选 ··· 121

8.4.1 技术（设计）要求 ·· 122

8.4.2 运行管理要求 ··· 123

8.5 资源化 ·· 123

8.5.1 技术（设计）要求 ·· 124

8.5.2 运行管理要求 ··· 125

8.6 实践思考和建议 ··· 125

第9章 粪便处理 ··· 127

9.1 相关标准 ·· 127

9.2 接收系统 ·· 127

9.2.1 一般要求 ·· 127

9.2.2 技术（设计）要求 ·· 128

9.2.3 施工要求 ·· 128

9.2.4 运行管理要求 ··· 128

9.3 固液分离 ·· 128

9.3.1 一般要求 ·· 129

9.3.2 技术（设计）要求 ·· 129

9.3.3 施工要求 ·· 129

9.3.4 运行管理要求 ··· 130

9.4 螺旋输送系统 ·· 130

9.4.1 一般要求 ·· 130

9.4.2 技术（设计）要求 ·· 130

9.4.3 施工要求 ·· 131

9.4.4 运行管理要求 ··· 131

9.5 储存调节系统 ·· 131

9.5.1 一般要求 ·· 131

9.5.2 技术（设计）要求 ·· 131

9.5.3 施工要求 ·· 131

9.5.4 运行管理要求 ··· 132

9.6 絮凝脱水系统 ·· 132

9.6.1 一般要求 ·· 132

9.6.2 技术（设计）要求 ·· 132

9.6.3 施工要求 ·· 133

9.6.4 运行管理要求 ··· 133

9.7 实践思考和建议 ……………………………………………… 133

第 10 章 渗沥液处理 ……………………………………………… 134

10.1 相关标准 …………………………………………………… 134

10.2 预处理 ……………………………………………………… 135

10.2.1 一般要求 ………………………………………………… 135

10.2.2 技术（设计）要求 ……………………………………… 136

10.2.3 施工要求 ………………………………………………… 138

10.2.4 运行管理要求 …………………………………………… 138

10.3 厌氧生物处理 ……………………………………………… 138

10.3.1 一般要求 ………………………………………………… 138

10.3.2 技术（设计）要求 ……………………………………… 138

10.3.3 施工要求 ………………………………………………… 139

10.3.4 运行管理要求 …………………………………………… 140

10.4 膜生物反应器（MBR） …………………………………… 140

10.4.1 一般要求 ………………………………………………… 140

10.4.2 技术（设计）要求 ……………………………………… 140

10.4.3 施工要求 ………………………………………………… 141

10.4.4 运行管理要求 …………………………………………… 142

10.5 纳滤及反渗透 ……………………………………………… 142

10.5.1 一般要求 ………………………………………………… 142

10.5.2 技术（设计）要求 ……………………………………… 142

10.5.3 施工要求 ………………………………………………… 144

10.5.4 运行管理要求 …………………………………………… 144

10.6 高级氧化 …………………………………………………… 145

10.6.1 一般要求 ………………………………………………… 145

10.6.2 技术（设计）要求 ……………………………………… 146

10.6.3 运行管理要求 …………………………………………… 146

10.7 蒸发 ………………………………………………………… 147

10.7.1 一般要求 ………………………………………………… 147

10.7.2 技术（设计）要求 ……………………………………… 147

10.7.3 运行管理要求 …………………………………………… 149

10.8 浓缩液处理 ………………………………………………… 150

10.8.1 一般要求 ………………………………………………… 150

10.8.2 技术（设计）要求 ……………………………………… 150

10.8.3 运行管理要求 …………………………………………… 151

10.9 思考和建议 ………………………………………………… 151

第 11 章 臭气控制与处理 ……………………………………… 153

11.1 相关标准 …………………………………………………… 153

11.2 无组织臭气控制 …………………………………………… 153

11.2.1 一般要求 ································· 153

11.2.2 技术（设计）要求 ··············· 154

11.2.3 施工要求 ·························· 155

11.2.4 运行管理要求 ···················· 155

11.3 臭气收集 ······························ 155

11.3.1 一般要求 ·························· 156

11.3.2 技术（设计）要求 ··············· 156

11.3.3 施工要求 ·························· 159

11.3.4 运行管理要求 ···················· 160

11.4 臭气处理 ······························ 161

11.4.1 一般要求 ·························· 161

11.4.2 技术（设计）要求 ··············· 162

11.4.3 施工要求 ·························· 166

11.4.4 运行管理要求 ···················· 166

11.5 实践思考和建议 ······················ 167

第 12 章　产品技术展望及标准需求 ············· 168

12.1 主要新产品 ···························· 169

12.1.1 智慧环卫 ·························· 169

12.1.2 新能源环卫车 ···················· 170

12.1.3 智能分拣设备 ···················· 170

12.1.4 填埋场渗漏检测技术 ············· 171

12.2 标准需求 ······························ 172

第1章 概述

伴随着中华人民共和国成长的脚步，市容环境卫生同其他行业一样，波浪前进，螺旋上升，经历了实践—认识—再实践—再认识的过程。特别是改革开放 40 年来，市容环境卫生事业的发展进入了快车道。近年来，国家、行业及地方等相继制定实施了一系列标准、规范、规程，标准体系逐步完善，有效规范和促进了市容环境卫生行业的发展。

发达国家市容环境行业也走过了一条从无序到有序、从无章可循到建章立制、逐步走上法治化的路子。20 世纪 50 年代以前，世界各国对生活垃圾的管理几乎没有系统的法律条文，个别国家虽然有些规定，但大多不够完善。20 世纪 70 年代以后，随着经济社会的发展，一些发达国家日益认识到，有必要将生活垃圾的处理纳入城乡管理机制，列入城市的建设规划之中。在垃圾处理的法治化过程中，发达国家制定了一些行之有效的法规政策。

1.1 国外市容环境卫生行业发展及标准

1.1.1 欧盟

欧盟具有最完善的废物管理法规体系。过去 30 年来，欧盟制定了一系列环境行动计划和法律。欧盟废物法律主要从废物目录、废物处理、废物运输及废物统计等方面制定，其中，《废物框架指令》(2018/851/EU)、《废物清单指令》(2014/955/EU)、《欧盟废物目录》(EWC) 三个框架指令对欧盟废物的分类进行明确规定；废物处理处置法规主要在垃圾焚烧、填埋、建筑垃圾回收利用等方面进行规章制定。

欧盟环境法体系包括欧盟基础条约、欧盟签署或参加的国际环境条约、欧盟机构制定的欧盟法规（包括条例、指令和决定）、其他具有法律规范性文件，以及其他相关法律渊源等。欧盟废物法律及标准主要参照欧盟委员会制定的一系列法律及标准。欧盟法律制度分为两种：一是法规，适用于整个欧盟；二是指令，通过转换为国家法律规定成员国需要实现的目标。欧盟环境政策和立法旨在保障欧盟公民在地球的生活环境。以循环经济为中心，欧盟重视、保护和恢复生物多样性，最大限度地减少与环境有关的健康风险。

欧盟废物法律主要从废物目录、废物处理、废物运输及废物统计等方面制定。《废物框架指令》(2018/851/EU)《废物清单指令》(2014/955/EU) 两个框架指令对欧盟废物的分类进行明文规定；废物处理处置法规主要包含垃圾焚烧、填埋等几个方面。《废物焚烧指令》(2000/76/EC)、《综合污染预防和控制的指令》(2008/1/EC)（IPPC 指令），以及《工业排放指令》(2010/75/EU) 是欧盟在不同阶段针对垃圾焚烧处理技术制定的指令性法规。《垃圾填埋指令》(2018/850) 是针对垃圾填埋处理制定的指令性法规；《废物运输条例》(1013/2006/EC) 是关于废物运输的法律法规；《废物统计指令》(849/2010/

EU）是关于废物统计的法律法规。欧盟针对电池、报废车辆（ELV）、废弃电子电气设备（WEEE）、包装废物等废物流均制定了相应的法律或者条例进行规范。

欧盟废物收集指南是欧盟针对废物收集制定的一系列标准，包括垃圾收集包装袋种类及要求、垃圾收集车的一般要求和安全要求、移动废物容器外壳的要求及用于压实废物或可回收部分机器的打包机的安全要求等。

欧盟废物立法及标准框架，如图1-1所示。

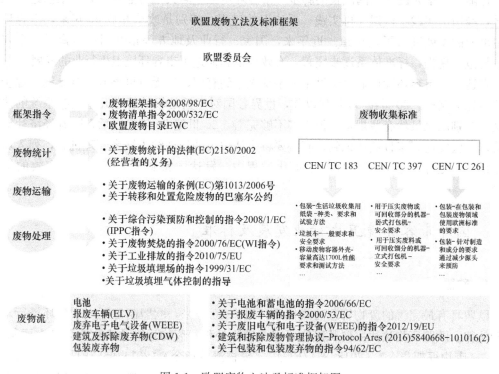

图1-1 欧盟废物立法及标准框架图

1.1.2 德国

德国拥有世界上最完备、最详细的环境保护法律体系。1972年德国第一个废物法律《废物处置法》（AbfG）逐步形成如今的《循环经济法》（KrWG），为车辆、电气和电子设备、电池和机油制定了产品责任法规。到目前为止，德国联邦和各州共有8000多部环保法律法规，此外还实施了400多个欧盟废物管理相关的法律法规。

德国一直以来坚持执行循环经济政策，国民已经意识到废物分类和循环利用的重要性，为先进的废物分类、处理和循环利用技术的引入创造了条件，增加了本国循环利用能力。在德国政府看来，全球人口增长会导致原材料和能源在世界范围内的需求飞速增长，导致多种资源出现短缺，从而引发剧烈的价格波动。因此，德国必须继续执行循环经济政策。德国废物管理法律的整体框架可以分为两个体系，如图1-2所示。

德国的垃圾收集、运输、处置系统是建立在分类的基础上，其垃圾分类系统从法律、法规到居民参与、具体实施的完善程度都是在世界上首屈一指的。欧盟对垃圾处置有纲领性的垃圾框架方针，德国废物管理以《循环经济与废物管理法》（KrW-/AbfG）为基础，其垃圾处置原则同样为减量化、无害化和资源化。同时，各州分别都有针对废物管理的法律、法规和条例，明确了垃圾产生者必须承担垃圾清除、处理、处置的义务。德国是根据欧盟垃圾分类编号规定对各种不同来源的垃圾进行严格界定、分类并编号，以便进行管理：全部垃圾共分为 20 个大类、110 个小类和 839 种垃圾。各州、市、县对生活垃圾的分类收集、分类运输方式按照各自实际情况进行组织，其具体方式各自不同，其中生活垃圾大体分为生物垃圾、废纸、废玻璃、包装废物、剩余垃圾、有毒有害垃圾、大件垃圾等。

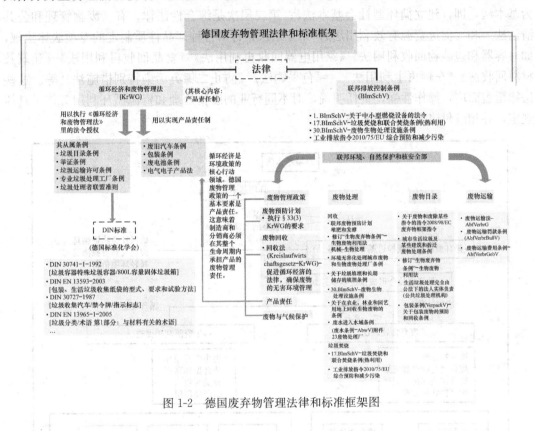

图 1-2　德国废弃物管理法律和标准框架图

1.1.3　日本

　　早在日本工业化初期（即 20 世纪初），日本就已经爆发出环境问题，如粪便和垃圾处理、矿害、煤害、森林采伐和工业污染等。第二次世界大战后，在国家经济政策引导下，战后恢复以重化学工业、石油化学联合企业等骨干产业为中心，随后环境公害不断发生，并成为重大社会问题，20 世纪 50 年代后期发生的四大公害真正引起政府和社会的共同关注。后来随着公害问题的解决以及国内外社会经济发展形势，日本环境问题重点和政策内容也发生了很大变化。日本在各个时代面临的环境问题及其对环境的理念与工作重点在每年出版的白皮书有所反映，即：1969～1971 年有关环境的白皮书名为《公害白皮书》，1972～2006 年命名为《环境白皮书》，2007～2008 年为《环境与循环型社会白皮书》，2009 年以后改为《环境、循环型社会与生物多样性社会白皮书》。基于 1967 年公布的《公害对策基本法》（1993 年被废弃，代之以《环境基本法》），白皮书内容中的"环境"是指没有公害的舒适生活环境；基于 2000 年公布的《循环型社会形成基本法》，"循环型社会"

是指资源的有效与循环利用；基于有关生物多样性的国际条约与2002年《新生物多样性国家战略（2007年修订）》，"生物多样性"是指生态系统保护与修复。

20世纪70年代日本通过了《关于废物处理及清扫的法律》；1986年颁布《空气污染控制法》，对焚烧生活垃圾设施作出具体规定。到了20世纪90年代，日本提出"环境立国"口号，为了实现"零排放""循环型社会"理想，集中制定了一系列法律法规，是日本资源循环利用率高、环境保护好的最重要保证。这些法律可以分为三个层次：第一层次为基本法，即《建立循环型社会基本法》；第二层次是综合性法律，有《废物管理和公共清洁法》和《促进资源有效利用法》；第三层次是针对各种产品性质制定的专项法律法规，如《容器和包装物回收利用法》《家用电器回收再利用法》《食品回收再利用法》《建筑及材料回收法》《车辆再生利用法》《绿色采购法》《防止二噁英污染特别措施法》等。这些法律覆盖面广，操作性强，责任明确，对不同行业的废物处理和资源循环利用等作了具体规定，并相继付诸实施，详见图1-3。

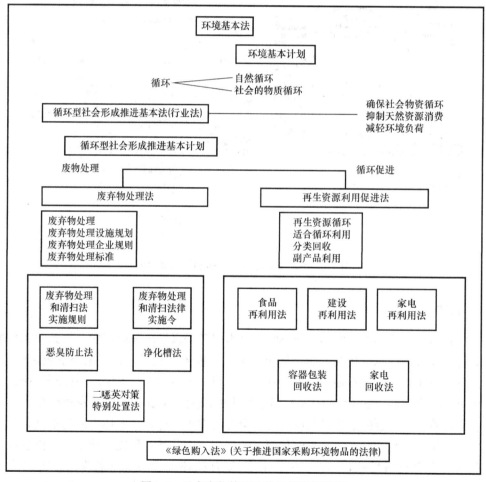

图1-3 日本废物管理法律和标准框架图

1.1.4 美国

美国的立法属于源头预防型，针对生产过程通过技术手段减少废物，体现了清洁生产的理念。美国虽然没有流行"循环经济"的概念，但一直在倡导和实施与循环经济相类似的"污染预防"经济。美国的两部环境管理法律主要是作为基本法的《资源保护回收法》，及之后颁布的《污染预防法》。

美国废物管理法律参照了《资源保护回收法》（RCRA 法），是美国关于废物管理体系的一部最重要的法律，也是美国固体废物管理的基础性法律。该法确定国家废物管理的政策是废物防止（源头消减）、回收利用、焚烧和填埋处置。根据此法将美国的废物管理法律体系分为三大类：收集与回收、处理设施、政府管理。

关于垃圾收集回收，美国出台了《美国联邦管理法规（住宅、商业和机构性固体废物的储存和收集指南）》《废物转运站—决策制定手册》和《电子物品联邦法规》对垃圾的存储及收集和转运站进行了规定。用于收集、储存和运输固体废物（或已分类回收的物质）的收集设备必须符合美国国家标准学会制定的两条标准——《垃圾的收集、处理和处置设备》《废物收集、加工、处理设备》；对于垃圾的回收方面，颁布了《材料的源头分类回收准则》和《包含回收材料的产品的综合采购指南》。

关于处理设施，《固体废物处理设施和实践分类标准》对垃圾的处理以及分类作出了详细的规定，《固体废物热处理导则》是一部关于垃圾热处理的施行指南。垃圾填埋可参照《城市垃圾填埋场标准》，其针对填埋场进行了详细的规定，也提出了新的要求。

关于政府管理，主要是政府对废物各方面进行统筹管理。如《制定和实施国家固体废物管理计划指南》等法律是对固体废物做一个整体的规定指导废物管理。为了更加便捷和统一管理废物颁布了一条标准——《废物和废物管理标准》。

美国废物管理法律及标准框架，如图 1-4 所示。

图 1-4　美国废物管理法律和标准框架图

1.1.5 相关标准

国外相关标准见表 1-1。

国外相关标准   表 1-1

序号	标准号	标准名称（中文）	标准名称（英文）
一、清扫保洁			
1	NF E58-170-2009	道路表面清洁机械	*Machines for road surface cleaning-Safety requirements*
2	NF P98-916-2009	清扫机	*Sweepers*
3	NF E58-172-2009	冬季使用的机械	*Winter service machines*
4	BS EN 13019-2001＋A1-2008	路面清洁机	*Machines for road surface cleaning*
5	BS EN 15429-2007	扫路机	*Sweepers*
6	DIN 30704-2007	道路表面清洁用车辆　扫路机、洗涤车和组合车辆	*Machines for road surface cleaning-Sweepers，washing vehicles and combinations thereof*
7	DIN 30714-1990	道路清扫车的盘形扫帚　尺寸	*Circular brooms for road sweeping vehicles；dimensions*
8	DIN EN 13019-2009	路面清洁机	*Machines for road surface cleaning*
9	ISO 20712-2015	水域安全标志和沙滩安全标志	*Water safety signs and beach safety flags*
二、公共厕所			
10	ISO 19026-2015	无障碍设计	*Accessible design*
11	EN 16194-2012	可移动的无下水道连接的厕所舱	*Mobile non-sewer-connected toilet cabins*
12	NF D12-204-2015	带整体弯形隔臭管的抽水马桶和厕所套间	*WC pans and WC suites with integral trap*
13	NF D12-210-2009	卫生洁具	*Sanitary appliances*
14	NF D14-517-2011	抽水马桶和厕所设备	*WC pans and WC suites*
15	BS 1125-1987	厕所冲洗水箱（包括两用冲洗水箱与冲洗管）规范	*Specification for WC flushing cisterns（including dual flush cisterns and flush pipes）*
16	BS 6465-3-2006	卫生设备　卫生及其相关器具的选择、安装和维护用实施规则	*Sanitary installations-Code of practice for the selection，installation and maintenance of sanitary and associated appliances*
17	BS 6465-4-2010	卫生器具　公共厕所业务守则条款	*Sanitary installations. Code of practice for the provision of public toilets*
18	BS EN 33-2019	抽水马桶和厕所套间　连接尺寸规格	*WC pans and WC suites. Connecting dimensions*
19	BS EN 14124-2004	带内溢流口的冲洗水箱用进水阀	*Inlet valves for flushing cisterns with internal overflow*
20	BS EN 16194-2012	非固定式非排污管道连接厕所马桶　厕所和卫生产品相关服务和产品要求	*Mobile non-sewer-connected toilet cabins. Requirements of services and products relating to the deployment of cabins and sanitary products*

序号	标准号	标准名称（中文）	标准名称（英文）
二、公共厕所			
21	BS ISO 19026-2015	无障碍设计 冲洗按钮和呼叫按钮的形状和颜色以及与安装在公共厕所墙上的厕纸盒的布局	*Accessible design-Shape and colour of a flushing button and a call button, and their arrangement with a paper dispenser installed on the wall in public restroom*
22	DIN EN 33-2019	抽水马桶和厕所配套设施 连接尺寸	*WC pans and WC suites-Connecting dimensions*
23	DIN EN 16194-2012	可移动的无下水道连接的厕所舱	*Mobile non-sewer-connected toilet cabins*
三、垃圾收运			
24	EN 1501-2015	垃圾收集车辆 一般要求和安全要求	*Refuse collection vehicles-General requirements and safety requirements*
25	EN 12574-2017	固定式垃圾箱	*Stationary waste containers*
26	EN 13071-2019	固定废物容器到 5000L，顶部抬升和底部清空	*Stationary waste containers up to 5000L, top lifted and bottom emptied*
27	EN 15132-2006	容量 1700L 的可移动垃圾箱容器罩	*Container shells for mobile waste containers with a capacity up to 1700L*
28	DIN EN 12574-2017	固定式垃圾箱	*Stationary waste containers*
29	DIN EN 13071-2019	顶部提高和底部清空低于 5000L 的固定废弃物容器	*Stationary waste containers up to 5000L, top lifted and bottom emptied*
30	DIN EN 1501-2018	垃圾收集车辆的通用要求和安全要求	*Refuse collection vehicles-General requirements and safety requirements*
31	DIN EN 840-2013	移动式废物与回收箱	*Mobile waste and recycling containers*
32	DIN 30730-2016	移动式垃圾压装机 拆卸式翻斗车和滚动翻斗车 要求、连接尺寸	*Mobile waste packer-Multi-bucket system vehicles and roller contact tipper vehicles-Requirements, connection dimensions*
33	NF H96-110-2013	移动式废料回收箱	*Mobile waste and recycling containers*
34	NF H96-113-2017	固定式垃圾箱	*Stationary waste containers*
35	NF H96-115-2008	顶部提高和底部清空的容量低于 5000L 的固定废弃物容器	*Stationary waste containers up to 5000L, top lifted bottom emptied*
36	NF H96-119-2006	容量 1700L 的可移动垃圾箱容器罩 性能要求	*Container shells for mobile waste containers with a capacity up to 1700L-Performance requirements and test methods*
37	NF R17-112-2010	垃圾集运车辆及其辅助升降装置	*Refuse collection vehicles and associated lifting devices-General requirements and safety requirements*
38	BS EN 12574-2017	固定的废物箱	*Stationary waste containers*

序号	标准号	标准名称（中文）	标准名称（英文）
三、垃圾收运			
39	BS EN 15132-2006	容量小于 1700L 的可移动废弃物容器用容器罩性能要求和试验方法	*Container shells for mobile waste containers with a capacity up to 1700L. Performance requirements and test methods*
40	BS EN 13071-2019	上部提升和底部空的体积小于 5000L 的固定式废弃物容器	*Stationary waste containers up to 5000L, top lifted and bottom emptied*
41	BS EN 840-2012	移动式废物回收箱	*Mobile waste and recycling containers.*
42	ANSI/NSF 13-2001	垃圾压实器和压实系统	*Refuse Compactors and Compactor Systems*
43	ANSI/NSF 21-2012	塑料垃圾箱	*Thermoplastic refuse containers*
四、垃圾处理			
44	UL 791-2006	住宅用焚烧炉	*UL Standard for Safety Residential Incinerators*
45	DIN 4266-1-2011	垃圾填埋地用排污管	*Drainage pipes for landfills*
46	DIN 19667-2015	垃圾填埋排放设备 设计、建造和运营	*Drainage of landfills-Design, construction and operation*
47	KS K 0927-2015	土质稳定性网纤维材料和相关产品 固体垃圾处理要求特性	*Geotextiles and geotextile-related products-Characteristics required for use in solid waste disposals*
48	BS EN 13492-2013	土工合成阻挡层	*Geosynthetic barriers.*
49	CNS 12493-1989	垃圾掩埋场用高密度聚乙烯不透水布	*High Density Polyethylene Geomembrane for Sanitary Landfill*
50	CNS 12494-1989	垃圾掩埋场用高密度聚乙烯不透水布检验法	*Method of Test for High Density Polyethylene Geomembrane for Sanitary Landfill*
51	CNS 12843-1991	垃圾掩埋场用氯磺化聚乙烯夹网橡胶不透水布	*Chlorosulfonated Polyethylene Rubber Supported Geomembrane for Landfill*
52	CNS 12844-1991	垃圾掩埋场用氯磺化聚乙烯夹网橡胶不透水布检验法	*Method of Test for Chlorosulfonated Polyethylene Rubber Supported Geomembrane for Landfill*

1.2 国内市容环境卫生行业发展及标准

　　国内市容环境卫生行业的标准化工作比起其他行业起步较晚，但随着我国改革开放的深入，建设资源节约型、环境友好型社会的战略部署的推进，政府对市容环境卫生行业建设的重视、投入的加大，专业水平的提高，推动了市容环境卫生技术标准的制定工作有了较快的发展。随着我国生产方式及产业结构调整，市容环境卫生行业逐渐改变以往重建设、轻管理，重业绩、轻评估的发展模式，标准也从原先单一生活垃圾处理技术标准转型成为集技术、产品和管理为一体的完整的标准体系。

市容环境卫生行业相关标准的发布规范生活垃圾的收集、转运、处理、处置全过程的设计、建设、运行工作，确保市容环卫设施设备的技术先进、质量可靠、安全规范和经济合理，提高市容环境质量，提供政府监管、环境检测的科学依据，推广新技术新产品的应用，为国民经济的持续发展，为城市的安全有序运行，为城乡一体化建设，为市容环境卫生行业的良性发展作出了积极的贡献。相关标准见表 1-2。

国内相关标准   表 1-2

序号	标准编号	标准名称
一、市容		
1	GB 50449-2008（修订中）	城市容貌标准
2	GB 51260-2017	环境卫生技术规范
3	CJJ 27-2012（修订中）	环境卫生设施设置标准
4	CJJ/T 65-2004（修订中）	市容环境卫生术语标准
5	CJJ/T 125-2008（修订中）	环境卫生图形符号标准
6	CJJ 149-2010（修订中）	城市户外广告设施技术规范
二、清扫保洁		
7	GB 7258-2017	机动车运行安全技术条件
8	GB 18384-2020	电动汽车安全要求
9	GB 20891-2014	非道路移动机械用柴油机排气污染物排放限值及测量方法（中国第三、四阶段）
10	GB/T 23851-2017	融雪剂
11	GB/T 25977-2010（修订中）	除雪车
12	GB/T 25981-2010（修订中）	护栏清洗车
13	CJ/T 418-2012	洗扫车
14	CJJ/T 108-2006（修订中）	城市道路除雪作业技术规程
15	CJJ/T 126-2008（修订中）	城市道路清扫保洁质量与评价标准
16	QC/T 51-2019	扫路车
17	QC/T 54-2006（修订中）	洒水车
18	QC/T 750-2006（修订中）	清洗车通用技术条件
19	QC/T 1054-2017	隧道清洗车
20	QC/T 1087-2017	纯电动城市环卫车技术条件
三、公共厕所		
21	GB 6952-2015	卫生陶瓷
22	GB/T 18092-2008（修订中）	免水冲卫生厕所
23	GB 50015-2019	建筑给水排水设计标准
24	GB 50242-2002	建筑给水排水及采暖工程施工质量验收规范
25	GB 50642-2011	无障碍设施施工验收及维护规范
26	GB 50763-2012	无障碍设计规范
27	CJ/T 164-2014	节水型生活用水器具
28	CJ/T 378-2011	活动厕所
29	CJ/T 409-2012	玻璃钢化粪池技术要求

序号	标准编号	标准名称
三、公共厕所		
30	CJ/T 489-2016	塑料化粪池
31	CJJ 14-2016（修订中）	城市公共厕所设计标准
32	JC/T 2116-2012	非陶瓷类卫生洁具
33	JGJ/T 304-2013	住宅室内装饰装修工程质量验收规范
四、垃圾收运		
34	GB 3096-2008	声环境质量标准
35	GB 7258-2017	机动车运行安全技术条件
36	GB 8978-1996	污水综合排放标准
37	GB 14554-1993	恶臭污染物排放标准
38	GB 16297-1996	大气污染物综合排放标准
39	GB/T 19095-2019	生活垃圾分类标志
40	GB 50303-2015	建筑电气工程施工质量验收规范
41	GB/T 50337-2018	城市环境卫生设施规划标准
42	CJ/T 127-2016	压缩式垃圾车
43	CJ/T 280-2020	塑料垃圾桶通用技术条件
44	CJ/T 338-2010	生活垃圾转运站压缩机
45	CJ/T 377-2011	废物箱通用技术要求
46	CJ/T 391-2012	生活垃圾收集站压缩机
47	CJ/T 483-2015	埋地式垃圾收集装置
48	CJ/T 496-2016	垃圾专用集装箱
49	CJJ 27-2012（修订中）	环境卫生设施设置标准
50	CJJ/T 47-2016	生活垃圾转运站技术规范
51	CJJ/T 102-2004（修订中）	城市生活垃圾分类及其评价标准
52	CJJ 109-2006（修订中）	生活垃圾转运站运行维护技术规程
53	CJJ 179-2012（修订中）	生活垃圾收集站技术规程
54	CJJ 205-2013（修订中）	生活垃圾收集运输技术规程
55	JB/T 10855-2008	垃圾转运站设备
56	QB/T 4902-2016	金属垃圾箱
57	QC/T 52-2015	垃圾车
58	QC/T 848-2011	拉臂式自装卸装置
59	QC/T 935-2013	餐厨垃圾车
60	QC/T 936-2013	车厢可卸式垃圾车
61	QC/T 1087-2017	纯电动城市环卫车技术条件
五、垃圾处理		
（一）焚烧处理		
62	GB/T 6719-2009	袋式除尘器技术要求
63	GB 18485-2014	生活垃圾焚烧污染控制标准
64	GB/T 18750-2008（修订中）	生活垃圾焚烧炉及余热锅炉
65	GB/T 25032-2010	生活垃圾焚烧炉渣集料
66	GB/T 34552-2017	生活垃圾流化床焚烧锅炉

序号	标准编号	标准名称
五、垃圾处理		
（一）焚烧处理		
67	CJ/T 432-2013	生活垃圾焚烧厂垃圾抓斗起重机技术要求
68	CJ/T 531-2018	生活垃圾焚烧灰渣取样制样与检测
69	CJ/T 538-2019	生活垃圾焚烧飞灰稳定化处理设备技术要求
70	CJJ 90-2009	生活垃圾焚烧处理工程技术规范
71	CJJ 128-2017	生活垃圾焚烧厂运行维护与安全技术标准
72	CJJ/T 137-2019	生活垃圾焚烧厂评价标准
73	CJJ/T 212-2015	生活垃圾焚烧厂运行监管标准
74	HJ 75-2017	固定污染源烟气（SO_2、NO_x、颗粒物）排放连续监测技术规范
75	HJ 76-2017	固定污染源烟气（SO_2、NO_x、颗粒物）排放连续监测系统技术要求及检测方法
76	HJ 562-2010	火电厂烟气脱硝工程技术规范 选择性催化还原法
77	HJ 563-2010	火电厂烟气脱硝工程技术规范 选择性非催化还原法
78	HJ 2012-2012	垃圾焚烧袋式除尘工程技术规范
79	在编	生活垃圾焚烧烟气净化用粉状活性炭
80	在编	生活垃圾焚烧飞灰固化稳定化处理技术标准
（二）卫生填埋处理		
81	GB 16889-2008	生活垃圾填埋场污染控制标准
82	GB/T 18772-2017	生活垃圾卫生填埋场环境监测技术要求
83	GB/T 23857-2009	生活垃圾填埋场降解治理的监测与检测
84	GB/T 25179-2010	生活垃圾填埋场稳定化场地利用技术要求
85	GB/T 25180-2010	生活垃圾综合处理与资源利用技术要求
86	GB 50869-2013（修订中）	生活垃圾卫生填埋处理技术规范
87	GB 51220-2017	生活垃圾卫生填埋场封场技术规范
88	CJ/T 234-2006	垃圾填埋场用高密度聚乙烯土工膜
89	CJ/T 371-2011	垃圾填埋场用高密度聚乙烯管材
90	CJ/T 430-2013	垃圾填埋场用非织造土工布
91	CJ/T 436-2013	垃圾填埋场用土工网垫
92	CJ/T 437-2013	垃圾填埋场用土工滤网
93	CJ/T 452-2014	垃圾填埋场用土工排水网
94	CJJ 113-2007（修订中）	生活垃圾卫生填埋场防渗系统工程技术规范
95	CJJ 133-2009（修订中）	生活垃圾填埋场填埋气体收集处理及利用工程技术规范
96	CJJ 176-2012（修订中）	生活垃圾卫生填埋场岩土工程技术规范
97	CJJ/T 213-2016	生活垃圾卫生填埋场运行监管标准
98	CJJ/T 214-2016	生活垃圾填埋场防渗土工膜渗漏破损探测技术规程
99	JG/T 193-2006	钠基膨润土防水毯
（三）厨余垃圾处理		
100	GB/T 10595-2017	带式输送机
101	GB/T 10596-2011	埋刮板输送机
102	GB/T 12917-2009	油污水分离装置

序号	标准编号	标准名称
五、垃圾处理		
（三）厨余垃圾处理		
103	GB 18452-2001	破碎设备　安全要求
104	GB/T 25727-2010	粮油机械　螺旋脱水机
105	GB/T 28056-2011	烟道式余热锅炉通用技术条件
106	GB/T 28057-2011	氧气转炉余热锅炉技术条件
107	GB/T 28739-2012	餐饮业餐厨废弃物处理与利用设备
108	GB/T 29488-2013	中大功率沼气发电机组
109	GB/T 30577-2014	燃气-蒸汽联合循环余热锅炉技术条件
110	GB/T 33934-2017	锤式破碎机　能耗指标
111	GB 50128-2014	立式圆筒形钢制焊接储罐施工规范
112	GB 50275-2010	风机、压缩机、泵安装工程施工及验收规范
113	GB 50601-2010	建筑物防雷工程施工与质量验收规范
114	GB/T 51063-2014	大中型沼气工程技术规范
115	CJ/T 227-2018	有机垃圾生物处理机
116	CJ/T 295-2015	餐饮废水隔油器
117	CJ/T 338-2010	生活垃圾转运站压缩机
118	CJ/T 460-2014	垃圾滚筒筛
119	CJ/T 478-2015	餐厨废弃物油水自动分离设备
120	CJ/T 499-2016	剪切式垃圾破碎机
121	CJ/T 506-2016	堆肥翻堆机
122	CJ/T 508-2016	污泥脱水用带式压滤机
123	CJJ 184-2012（修订中）	餐厨垃圾处理技术规范
124	HJ/T 243-2006	环境保护产品技术要求　油水分离装置
125	HJ 2013-2012	升流式厌氧污泥床反应器污水处理工程技术规范
126	HJ 2024-2012	完全混合式厌氧反应池废水处理工程技术规范
127	HJ 2538-2014	环境保护产品技术要求 旋流除砂装置
128	JB/T 3263-2000	卧式振动离心机
129	JB/T 7043-2006	液压轴向柱塞泵
130	JB/T 7014-2008	平板式输送机
131	JB/T 10855-2008	垃圾转运站设备
132	JB/T 11246-2012	仓式滚筒翻堆机
133	JB/T 11247-2012	链条式翻堆机
134	JB/T 4333-2013	厢式压滤机和板框压滤机
135	JB/T 11379-2013	粪便消纳站　固液分离设备
136	JB/T 10520-2015	立轴锤式破碎机
137	JB/T 12578-2015	叠螺式污泥脱水机
138	JB/T 10669-2016	上流式厌氧反应器
139	JB/T 13166-2017	餐厨垃圾自动分选系统 技术条件
140	JB/T 13170-2017	固液混合有机垃圾挤压制浆设备
141	JB/T 7679-2019	螺旋输送机

序号	标准编号	标准名称
五、垃圾处理		
（三）厨余垃圾处理		
142	NB/T 13007-2016	生物柴油（BD100）原料 废弃油脂
143	NY 525-2012	有机肥料
144	NY 884-2012	生物有机肥
145	NY/T 1220.2-2019	沼气工程技术规范　第2部分：输配系统设计
146	NY/T 1704-2009	沼气电站技术规范
147	NY/T 2374-2013	沼气工程沼液沼渣后处理技术规范
148	QB/T 3670-1999	柱塞泵
149	在编	餐厨垃圾处理厂运行维护技术规程
（四）建筑垃圾处理		
150	GB 18452-2001	破碎设备　安全要求
151	GB/T 25176-2010	混凝土和砂浆用再生细骨料
152	GB/T 25177-2010	混凝土用再生粗骨料
153	GB/T 25700-2010	复摆颚式破碎机　能耗指标
154	GB/T 26965-2011	圆锥破碎机　能耗指标
155	GB/T 50640-2010	建筑工程绿色施工评价标准
156	GB/T 50743-2012	工程施工废弃物再生利用技术规范
157	GB 51322-2018 CJJ/T 134-2019	建筑废弃物再生工厂设计标准 建筑垃圾处理技术标准
158	JB/T 1388-2015	复摆颚式破碎机
159	JB/T 2259-2017	双转子反击式破碎机
160	JB/T 2501-2017	单缸液压圆锥破碎机
161	JB/T 3264-2015	简摆颚式破碎机
162	JB/T 5496-2015	振动筛制造通用技术条件
163	JB/T 6388-2004	YKR 型圆振动筛
164	JB/T 6988-2015	弹簧圆锥破碎机
165	JB/T 6993-2017	单转子反击式破碎机
166	JB/T 7689-2012	悬挂式电磁除铁器
167	JB/T 7891-2010	轴偏心式圆振动筛
168	JB/T 7892-2010	块偏心箱式直线振动筛
169	JB/T 8711-2006	悬挂式永磁除铁器
170	JB/T 10460-2015	香蕉形直线振动筛
171	JB/T 10883-2019	定轴式多缸液压圆锥破碎机
172	JB/T 11186-2011	建筑施工机械与设备　干混砂浆生产成套设备（线）
173	JB/T 13430-2018	动偏心式圆振动筛
174	JC/T 1013-2006	冲击式制砂机
175	JGJ/T 240-2011	再生骨料应用技术规程
（五）粪便处理		
176	GB 7959-2012	粪便无害化卫生要求
177	GB/T 29151-2012	城镇粪便消纳站

续表

序号	标准编号	标准名称
五、垃圾处理		
（五）粪便处理		
178	GB 50231-2009	机械设备安装工程施工及验收通用规范
179	CJJ 30-2009（修订中）	粪便处理厂运行维护及安全技术规程
180	CJJ 64-2009（修订中）	粪便处理厂设计规范
181	CJJ/T 211-2014	粪便处理厂评价标准
182	JB/T 11379-2013	粪便消纳站 固液分离设备
183	JB/T 11380-2013	粪便消纳站 絮凝脱水设备
184	JB/T 13168-2017	粪便消纳站无轴螺旋输送设备
（六）渗沥液处理		
185	GB/T 28741-2012	移动式格栅除污机
186	GB/T 33898-2017	膜生物反应器通用技术规范
187	CJ/T 279-2008	生活垃圾渗滤液蝶管式反渗透处理设备
188	CJ/T 485-2015	生活垃圾渗沥液卷式反渗透设备
189	CJ/T 517-2017	生活垃圾渗沥液厌氧反应器
190	CJJ 150-2010（修订中）	生活垃圾渗沥液处理技术规范
191	CJJ/T 264-2017	生活垃圾渗沥液膜生物反应处理系统技术规程
192	HG/T 5224-2017	蒸汽再压缩蒸发器
193	HJ/T 262-2006	环境保护产品技术要求 格栅除污机
194	HJ/T 270-2006	环境保护产品技术要求 反渗透水处理装置
195	HJ 2006-2010	污水混凝与絮凝处理工程技术规范
196	HJ 2010-2011	膜生物法污水处理工程技术规范
197	HJ 2013-2012	升流式厌氧污泥床反应器污水处理工程技术规范
198	HY T 113-2008	纳滤膜及其元件
199	HY T 114-2008	纳滤装置
（七）臭气控制与处理		
200	GB 14554-1993	恶臭污染物排放标准
201	GB 16157-1996	固定污染源排气中颗粒物测定与气态污染物采样方法
202	GB 50019-2015	工业建筑供暖通风与空气调节设计规范
203	GB 50243-2016	通风与空调工程施工质量验收规范
204	GB 50738-2011	通风与空调工程施工规范
205	CJ/T 516-2017	生活垃圾除臭剂技术要求
206	CJJ/T 243-2016	城镇污水处理厂臭气处理技术规程
207	CJJ 274-2018	城镇环境卫生设施除臭技术标准
208	HG/T 21633-1991	玻璃钢管和管件
209	JB/T 12580-2015	生物除臭滴滤池
210	JB/T 12581-2015	生物除臭滤池

注：使用时均应以最新版标准为准。

1.3　国内外对比分析

国外在标准方面均实行技术法规与技术标准相结合的体制，而我国现行的是强制性标准与推荐性标准相结合的体制。虽然我国《标准化法》规定强制性标准是强制执行的标准，内容上也基本相当于国外的技术法规，但从实际运行情况来看，我国现行的工程建设强制性标准与国外的技术法规相比较还有许多差别。总体上说，国外通行的体制优于我国现行的体制。因此，为符合世界贸易组织《贸易技术壁垒协议》WTO/TBT 的规定，与国际惯例接轨，需要加快我国工程建设标准体制改革的步伐，加强这个领域的法制建设。

1.3.1　生活垃圾焚烧处理

欧盟针对垃圾焚烧方面的标准主要包括强制性指令 *DIRECTIVE* 2010/75/EU 和非强制性的技术参考文件 *Integrated Pollution Prevention and Control Reference Document on the Best Available Techniques for Waste Incineration*（EUROPEAN COMMISSION）。后者是为了满足前者而提出的推荐性最佳可行技术。这与我国的做法有所不同，我国为了满足政府强制性污染控制标准的做法是政府颁布一些强制性和推荐性工程标准和产品标准。

与我国不同焚烧规模采用不同限值的规定相比，欧盟对不同规模的焚烧采用统一标准。欧盟废物焚烧标准较我国废物焚烧标准要求严格，我国烟尘、HCl 的排放限值均在欧盟标准限值的 6 倍以上，SO_2 排放限值是欧盟标准限值的 4~8 倍。除 CO、NO_x 排放限值外，其他污染物排放限值也明显高于欧盟标准限值。这说明欧盟垃圾焚烧厂的排放标准比我国要严格一些。另外由于欧洲生活垃圾热值较高，含水率较小，且比较稳定，因此欧盟标准中规定了半小时均值的烟气污染物排放限值。而我国生活垃圾热值较低，含水率较高，且垃圾成分波动较大，因此我国标准中没有提出半小时均值，而是提出了小时均值的烟气污染物排放限值。

在二噁英控制方面，欧盟焚烧标准的烟气在线监测和排放限值中比我国标准多了TOC。TOC 是烟气中的总有机碳，与 CO 同为反映气体不完全燃烧的指标。有 TOC 指标更能反映焚烧炉运行工况，有利于控制二噁英的产生。

我国生活垃圾焚烧领域的标准体系与欧盟不同，但对垃圾焚烧过程的污染物控制是基本一致的，只是某些污染物排放限值要求不同。

我国的标准体系中包括污染控制标准、工程技术标准（包括技术标准、运行维护标准、评价标准和监管标准）和产品标准。其中污染控制标准主要对焚烧厂运行过程的二次污染物排放控制提出要求，包括烟气污染物排放限值、飞灰排放要求、渗沥液排放要求等。工程技术标准主要是对焚烧厂的建设、运行和监管提出技术要求，使焚烧厂运行过程中的污染物排放达到污染控制标准要求。而产品标准是为了满足工程技术标准的要求而对焚烧厂相关子系统或设备提出的技术要求。

1.3.2　生活垃圾卫生填埋

卫生填埋作为生活垃圾最主要的处置方式之一，填埋的污染控制受到世界各国的重视，美国垃圾填埋处理技术根据填埋场污染控制"三重屏障"理论，对填埋场污染控制的重点通常是在填埋场选址、填埋场防渗结构和渗沥液处理方面。

1999年4月，欧盟颁布了《关于垃圾填埋场的指令》（1999/31/EC）并实施生效，作为欧洲各国填埋处理技术的总纲，全面反映了欧盟对于垃圾管理的要求和目标，即对可持续发展和气候变化的关注，并对垃圾管理战略和处理模式、填埋场的建设、运营管理等提出了新的要求。

德国在20世纪90年代制定了一系列法律，对可填埋处理的填埋物性质进行了标准化定义。到2005年，德国开始执行比欧盟《填埋法案》更为严格的法规，规定未经处理的生活垃圾和工业垃圾不得进行填埋处置，废物在填埋前必须在处理厂中接受处理。2009年4月27日，德国颁布《垃圾填埋及长期储存条例》，针对该条例的适用范围，垃圾填埋场的建造、运营、封场和后期保养，堆填区建筑材料，填埋垃圾的储存，后续经营及人员安排等作出详细规定。

我国垃圾处理坚持"无害化、减量化、资源化"原则，由于我国还处在一个垃圾管理粗放的阶段，有些地方甚至还没有解决无控制倾倒的问题，因此"无害化"的概念在实施过程中是很难掌握的。

应当注意的是，我国的城市生活垃圾卫生填埋场全部是填埋原生混合垃圾，有机物含量极高，是"反应型"填埋场，这个特征决定了垃圾填埋只是一个"无害化"的处理过程，而远没有达到"无害化"的结果。填埋场的建设只是无害化过程的一个开始，而作业过程是否能够实现对环境和人类健康的"无害化"、封场及以后数十年是否能够保证维护和监管，从而不对环境和人类健康产生危害是更为重要的，需要更多的关注。

在许多发达国家和地区，即使填埋气体没有商业利用价值，也可以通过小型发电机发电，供渗沥液处理设施使用，以减少运营成本。填埋气体发电上网和电价的障碍，限制了许多填埋场填埋气体利用的实施。而在一些国家，法律上明确规定电力部门必须接受垃圾发电上网，并规定了其价格范围。在内地广大地区，尤其是水电、煤电丰富的地区，市场电价非常低，如果没有全国性法律规定的基本电价保障，很难通过市场机制解决填埋气体问题。

欧盟、德国、日本及中国垃圾填埋法规相关内容的比较见表1-3。

欧盟、德国、日本及中国垃圾填埋法规比较　　　　　　　　　　　　表1-3

对比	中国	欧盟	德国	日本
填埋场等级	《生活垃圾卫生填埋处理工程项目建设标准》（建标〔2009〕151号）根据服务区域人口、生活垃圾产生量，考虑发展等因素综合分为4类规模：Ⅰ类，日均填埋量1200t/d以上；Ⅱ类，日均填埋量500～1200t/d；Ⅲ类，日均填埋量200～500t/d；Ⅳ类，日均填埋量200t/d以下	《垃圾填埋指令》（2018/850）规定垃圾填埋场分为3类：危险废物填埋场，非危险废物填埋场和惰性废物填埋场（不会分解或燃烧的废物，如砾石、沙子和石头）	《垃圾填埋及长期储存条例》（DepV）规定5个级别填埋场及填埋物标准，级别0：非活性废物填埋场；级别Ⅰ：有机物含量低的一般废物填埋场；级别Ⅱ：有机物含量稍高的一般废物填埋场，填埋MBT残渣；级别Ⅲ：有害废物填埋场；级别Ⅳ：地下填埋场	分为平地垃圾填埋场、山间垃圾填埋场、水面垃圾填埋场、近岸浅海垃圾填埋场

续表

对比	中国	欧盟	德国	日本
填埋场的接受范围	城市生活垃圾的填埋处理	《垃圾填埋指令》（2018/850）规定成员国减少可进入垃圾填埋场的可生物降解废物；垃圾填埋场设施不接受旧轮胎或液体，易燃、爆炸性或腐蚀性废物，医院/医疗和兽医废物。该指令规定成员国应采取必要措施，确保到2035年，垃圾填埋量减少到垃圾总产生量的10%或更少（按重量计算）	《垃圾填埋和长期储存条例》（DepV）规定，当废物运送到垃圾填埋场时，必须对废物进行测试，以确定其污染物限值是否超过有关垃圾填埋场的污染物限值（适用于危险、非危险及惰性废物）	一般废物分成3类：安全型（填埋垃圾为建筑废物、废塑料和橡胶、金属、玻璃及陶瓷等碎屑）、管理型（填埋垃圾为纸屑、木屑、纤维碎屑、煤灰、污泥及矿渣等）与封闭型（填埋特定有害的产业垃圾）
填埋场污染物控制标准	依据《生活垃圾填埋场污染控制标准》GB 16889—2008、《生活垃圾填埋场环境监测技术标准》CJ/T 3037—1995进行环境污染、环境质量的监测以及填埋场运行情况的检测，包括环境大气、地下水、地表水、噪声	《垃圾填埋指令》（1999/31/EC）附件3包括污染控制和监测程序、基本介绍（监测的最低程序等）、气象资料、排放数据（水、渗沥液和气体控制）	《垃圾填埋和长期储存条例》（DepV）包括控制和避免污染排放。为防范填埋场对地下水潜在的污染风险，主管当局应在填埋开始前确定地下水测量点和检测指标，并定期监测，直至填埋场降解稳定化	《关于废物处理和清扫的法律》规定一般废物填埋处理的设施处理能力、填埋场容量的土地面积
填埋场封场和善后程序	《生活垃圾卫生填埋场封场技术规范（包含施工与验收）》GB 51220—2017、《生活垃圾填埋场封场工程项目建设标准》（建标140-2010）对填埋场封场的施工标准等进行规定	《垃圾填埋指令》（1999/31/EC）规定运营人应负责维护、监测和控制（包括填埋气体、渗沥液和地下水），直至主管部门要求并考虑到填埋场可能存在危险终止的时间。填埋场或部分填埋场应开始关闭程序：（1）在符合许可证所述的有关条件时；（2）在主管当局的授权下，应运营人要求；（3）经主管当局的合理决定	《垃圾填埋和长期储存条例》（DepV）包括废物长期储存区域的建设运营、封场善后的规定	《关于废物处理和清扫的法律》规定一般废物最终处置场地填埋处理结束后应进行适当的维护和管理

1.3.3 厨余垃圾处理

美国、日本及欧盟等均有完善的立法体系予以支撑，建立了较为全面、具体的厨余垃圾处理法律文件，通过一部综合性法律和具体制度措施配套，达到厨余垃圾规范化治理。美国关于厨余垃圾回收利用的法律制度十分严格，其首先制定了固体废物污染防治法，在此基础上为使法律更加有效，美国又配套实施了"二次采收工程"和"12篮子"工程，这使得法律形象具体且易于实施。美国积极鼓励居民家庭和餐厅安装厨余垃圾粉碎机，并对分类回收做得好的居民予以激励，厨余垃圾产量较大的单位会将厨余垃圾粉碎后排入油脂分离装置，分离的油脂回收利用，碎料则排入下水道；对回收、运输、处置单位则严格设置市场准入门槛，对进入市场的企业实行全过程监管，注重其责任履行，运用市场化标准和规律调解这些单位的行为，在科学处理厨余垃圾的同时，平衡各方主体的利益。日本在厨余垃圾的管理思路上也很清晰，起步相对较早，拥有较为健全的法规制度，同时积极发展厨余垃圾的减量化无害化治理和有效再生资源化利用。欧盟对于厨余垃圾的相关制度和管理也已经实现法制化，其制定的《有机垃圾填埋法》专门针对厨余垃圾等有机垃圾的填埋，以减少有机垃圾的填埋量，降低厨余垃圾填埋造成的渗沥液、臭气等二次污染。德国比较重视厨余垃圾的资源化利用，厨余垃圾加工制成的肥料需定期进行质量检测，检测内容包括肥料的来源、物理和生物特性、盐含量以及重金属含量，保证其品质满足《生物废弃物条例》（*BioAbfV*）和《肥料施放规定》（*Düngermittelverordnung*）的要求。

国外在厨余垃圾治理上，采用市场化手段，通过对市场化运作中各方主体采取不同的激励机制达到厨余垃圾的良好治理。但目前国内对厨余垃圾的管理还没有国家层面的法律法规，地方上多以条例、办法的形式出现，法律效力低。我国厨余垃圾的处理体系与国外具有一定的差异，国外一些发达国家在厨余垃圾处理处置上已形成较为健全的法律制度，而我国目前关于厨余垃圾处理技术及设备的相关标准尚且缺乏，厨余垃圾立法体系以及相关国家或行业标准仍不健全，制度体系的建立仍处于起步阶段。

近年来，国家积极推进厨余垃圾处理试点城市建设，颁布一系列与厨余垃圾有关的法规、政策来规范整治厨余垃圾收运与处置现状，但胡乱堆放、私自收运等不良现象仍然得不到彻底改变。因此，有必要参考发达国家厨余垃圾的治理体系，完善我国的厨余垃圾法律体系，根据我国厨余垃圾自身特点强化和规范厨余垃圾收运和处置、资源化利用技术和相关处理设备等领域的法律规制，促进我国厨余垃圾循环经济的发展。

1.3.4 建筑垃圾处理

日本从 20 世纪 60 年代末就着手建筑垃圾的管理并制定相应的法律、法规及政策措施，以促进建筑垃圾的转化和利用。1974 年，日本在建筑协会中设立了"建筑废弃物再利用委员会"，在再生集料和再生集料混凝土方面取得大量研究成果，并于 1997 年制定了《再生集料和再生混凝土使用规范》，此后相继在全国各地建立了以处理拆除混凝土为主的再生工厂，生产再生水泥和再生骨料。1991 年，日本政府又推出了《资源重新利用促进法》，规定建筑施工过程中产生的渣土、混凝土块、沥青混凝土块、木材、金属等建筑垃圾，必须送往"再资源化设施"进行处理。

德国也是世界上最早开展循环经济立法的国家，它在 1978 年推出了"蓝色天使"计划后制定了《废物处理法》等法规，而 1994 年制定的《循环经济和废物清除法》（1998 年被修订）更是在世界上有广泛影响。根据德国法律，建筑垃圾生产链条中的每一个责任者，都需要为减少垃圾和回收再利用出力。建筑材料制造商必须将产品设计得更加环保和有利于回收。

此外，德国和日本等建筑垃圾资源化先进的国家，其技术体系早已成熟，如欧盟垃圾减量化设计、建筑垃圾分类处理和再生骨料利用技术；美国对建筑垃圾实施"四化"，即"减量化""资源化""无害化"和综合利用"产业化"，美国对"减量化"特别重视，进行源头控制的方式有减少资源开采、减少制造和运输成本，比各种末端治理更为有效。据美国联邦公路局统计，美国现在已有超过 20 个州在公路建设中采用再生骨料，有 15 个州制定了关于再生骨料的规范；日本建筑垃圾回收技术主要有：①零排放施工、工业化技术；

②资源化利用混凝土、沥青混凝土、木材、污泥等技术；③废物发电，建设废物的生物燃料利用等；④设计与规划、零排放技术等。

通过对欧盟、日本、德国等建筑垃圾资源化先进的国家和地区在法律法规、优惠政策、监管机制、技术体系、产品推广等方面的调研，国际上大多数国家都通过立法明确了各责任主体在建筑垃圾回收回用中的责任和义务，并制定了极为严格的惩罚措施；通过征收税费来减少建筑垃圾的产生和随意处置，以财政补贴、税收减免的方式资助再生建筑材料生产企业的研发，通过政府采购等优惠措施鼓励政府和建设单位使用再生建筑材料；建立包括排放、生产、使用环节的全过程监管机制；并通过环境标识、列入《建筑垃圾回收回用政策研究》Ⅳ建筑评价体系等方式强制性推广再生产品。

此外，德国和日本等建筑垃圾资源化先进国家技术体系早已成熟，如欧盟垃圾减量化设计、建筑垃圾分类处理和再生骨料利用技术；美国对建筑垃圾实施"四化"，即"减量化""资源化""无害化"和综合利用"产业化"，美国对"减量化"特别重视，进行源头控制的方式有减少资源开采、减少制造和运输成本，比各种末端治理更为有效。据美国联邦公路局统计，美国现在已有超过 20 个州在公路建设中采用再生骨料，有 15 个州制定了关于再生骨料的规范；日本建筑垃圾回收技术主要有：①零排放施工、工业化技术；②资源化利用混凝土、沥青混凝土、木材、污泥等技术；③废物发电，建设废物的生物燃料利用等。④设计与规划、零排放技术等。

相比而言，我国目前在法律法规、制度政策、监管机制、技术体系、产品推广等方面工作尚处于空白阶段，且建筑垃圾处置设备及处理后的产品等均缺少相应的产品标准支撑。

第2章 清扫保洁

清扫保洁涉及的机械化清扫保洁设备主要为扫路车、洗扫车、清洗车、洒水车和除雪车。

机械化清扫保洁设备均由汽车底盘和作业装置构成，需满足国家强制性车辆标准和作业设备产品标准的规定。在机械设备的选用及作业工艺的制定上，一般是考虑当地气候、作业路况、作业环境、作业量、经济性及保洁等级等综合确定，无法一概而论。如在南方城市，可采用机械化清洗＋机械化洗扫方式，即通过清洗车利用高压水流对道路清洗冲刷并将路面污物冲至易清除的位置，再使用洗扫车将清洗后的路面污物和污水一并吸附进随车容器内；再如，有些干旱缺水地区，就会采用干式扫路车或纯吸式扫路车；而洒水车和喷雾车主要用于降低道路扬尘，但后续仍需将落在路面的污水清除。环境温度0℃以下时，其路面一般采用干式扫路车或纯吸式扫路车的方式实施保洁；若有需求，也可用清洗车加根据其冰点和路面温度配制的防冻液实施道路洒水作业。

除为配合相应的作业工艺选用相应的机械化设备外，为达到清扫保洁的作业质量要求，对机械化作业设备的作业速度、水压等有相应的基本性能要求，见现行行业标准《城市道路清扫保洁质量与评价标准》CJJ/T 126：一般用于道路清扫的机械化作业设备作业速度不高于8km/h，用于道路保洁的机械化作业设备作业速度不高于15km/h，机械洒水及喷雾作业速度不高于20km/h；机械清洗作业喷水设备水压需不小于300kPa；机械洒水与喷雾作业，洒水设备水压不小于300kPa，喷雾设备水压不小于1MPa等。为此，所有选用的机械化清扫保洁设备的性能参数需满足上述要求。此外，机械化车辆需满足现行国家标准《机动车运行安全技术条件》GB 7258的规定。

2.1 相关标准

GB 7258—2017 机动车运行安全技术条件

GB 18384—2020 电动汽车安全要求

GB 20891—2014 非道路移动机械用柴油机排气污染物排放限值及测量方法（中国第三、四阶段）

GB/T 23851—2017 融雪剂

GB/T 25977—2010 除雪车

GB/T 25981—2010 护栏清洗车

GB 51260—2017 环境卫生技术规范

CJ/T 418—2012 洗扫车

CJJ/T 108—2006 城市道路除雪作业技术规程

CJJ/T 126—2008 城市道路清扫保洁质量与评价标准

QC/T 51—2019 扫路车

QC/T 54—2006 洒水车

QC/T 750—2006 清洗车通用技术条件

QC/T 1054—2017 隧道清洗车

QC/T 1087—2017 纯电动城市环卫车技术条件

2.2　设备产品性能要求

2.2.1　扫路车

扫路车是装备有垃圾、尘土收集容器及清扫系统，用于清除、收集垃圾等污物的特种结构专用作业汽车，广泛用于公路干线、城镇小区、市政、机场和公园等路面的清扫保洁。

扫路车按其工作原理可分为纯扫式、纯吸式和吸扫式。其中，纯扫式扫路车结构简单、功耗小、油耗低，但和其他两类产品相比，其清扫效率较差、二次污染大，目前已逐步被吸扫式扫路车所代替；纯吸式扫路车在同等条件下作业油耗较高，但清扫效率最高，作业时无扫刷损耗，无扫刷清扫二次扬尘，维护更方便；吸扫式扫路车的清扫能力及清扫路缘和拐角的能力强，应用较广泛。

选用扫路车时，需考虑的主要性能参数有扫净率、最大清扫速度、作业扬尘浓度、噪声等。《扫路车》QC/T 51—2019 规定：

（1）扫路车的主要技术参数需符合表 2-1 的规定。

扫路车主要技术参数　　　　　　　　　　　　　　　表 2-1

序号	项目	单位	性能要求
1	扫净率	%	≥92
2	最大清扫速度	km/h	≥6.5
3	作业扬尘浓度	mg/m³	≤5

（2）清扫作业噪声需符合表 2-2 的规定。

扫路车清扫作业噪声限值　　　　　　　　　　　　　表 2-2

车辆类型	总质量 M（kg）	作业噪声限值［dB(A)］
N_1	$M \leqslant 3500$	≤81
N_2	$3500 < M \leqslant 12000$	≤85
N_3	$M > 12000$	≤88

（3）装有副发动机系统的扫路车，柴油发动机的污染物排放应符合现行国家标准《非道路移动机械用柴油机排气污染物排放限值及测量方法（中国第三、四阶段）》GB 20891 等国家排放标准的规定。

（4）垃圾箱不得有漏水、漏垃圾的现象，其内表面应采用防腐材质或进行防腐蚀处理。

（5）液压系统、水路系统不得渗漏。

2.2.2 洗扫车

洗扫车是装备有垃圾箱、水箱收集容器及洗扫系统、液压系统、水路系统等装置，用于清除、收集垃圾等污物的特种结构专用作业汽车。洗扫车集清扫、清洗、洗扫功能于一体，适用于城市道路、高速公路、广场、机场、码头、路缘和路缘石立面等的清扫保洁作业。

洗扫车专用装置的动力源通常来自副发动机，现有部分车辆全程采用底盘发动机动力源实现车辆的行驶、作业。装有副发动机系统的洗扫车，其柴油发动机的污染物排放应符合现行国家标准《非道路移动机械用柴油机排气污染物排放限值及测量方法（中国第三、四阶段）》GB 20891 等国家排放标准的规定。

选用洗扫车时，需考虑的主要性能参数有洗扫洁净率、一次连续喷水作业时间、作业噪声等。《洗扫车》CJ/T 418—2012 规定的主要性能要求：

（1）洗扫车的主要技术参数见表 2-3。

洗扫车主要技术参数　　　　　　　　　　　　　　　　　表 2-3

序号	项目	单位	性能要求
1	洗扫洁净率	%	≥95
2	污水箱倾翻卸料装置倾翻角	°	≥45
3	一次连续喷水作业时间	min	≥75
4	作业噪声	dB(A)	≤86

（2）洗扫装置应能调节扫刷倾角，伸出车外的扫刷、喷水装置具有防撞避让功能。

（3）垃圾箱应满足防腐要求，不得有漏污水、漏垃圾的现象。

（4）水箱、液压系统、水路系统不得渗漏，且水箱应具有防腐功能。

2.2.3 清洗车

清洗车是装备有水罐、水路系统、清洗专用装置等，用于清洗路面、管道沉积物或清洗物体的专项作业车，主要用于城市道路、公路、广场、码头及墙面、隔声屏等场地的清洗作业。

根据用途划分，清洗车可分为路面清洗车、墙面清洗车和护栏清洗车等。其中，路面清洗车主要用于城市道路、广场及码头等的清洗作业，且可根据需求配置喷雾降尘、降温、绿化浇灌等各种功能；墙面清洗车主要用于隧道、隔声屏等立面的清洗；护栏清洗车主要用于公路护栏的清洗。

选用路面清洗车时，需考虑的主要性能参数有清洗水压力、清洗水流量、清洗宽度、作业噪声等。现行行业标准《清洗车通用技术条件》QC/T 750 对用于清洗路面、管道及墙面的清洗车的性能、安全及环保方面进行了规定。路面清洗车、墙面清洗车可按照现行行业标准《清洗车通用技术条件》QC/T 750 的要求进行设计、生产。

选用护栏清洗车时，需考虑的主要性能参数有最低作业速度、清洗高度范围、清洗宽度范围（厚度）、清洁度、清洗 1km 护栏耗水量、作业噪声等；现行国家标准《护栏清洗车》GB/T 25981 规定了护栏清洗车的技术要求，护栏清洗车可按照现行国家标准《护栏清洗车》GB/T 25981 的规定进行设计、生产。

选用墙面清洗车时，需考虑的性能参数主要为洗净率、是否具备自动调整刷毛贴墙距离的功能等。墙面清洗车可按照现行行业标准《隧道清洗车》QC/T 1054 的规定进行设计、生产。

（1）装有副发动机系统的清洗车，其副发动机系统的排气污染物排放应符合现行国家标准《非道路移动机械用柴油机排气污染物排放限值及测量方法（中国第三、四阶段）》GB 20891 等国家相关环保标准的规定。

（2）路面清洗车的主要技术参数需符合表 2-4 的规定。

路面清洗车主要技术参数　　　　　　表 2-4

序号	项目	单位	性能要求		
			清洗路面	清洗管道	清洗墙面
1	清洗水压力	MPa	≥5	≥10	≥0.3
2	清洗水流量	L/min	≥60	≥60	≥30
3	清洗宽度	m	≥车宽	—	—
4	清洗效率	%	≥90		
5	作业噪声	dB(A)	≤88		

（3）护栏清洗车的主要技术参数见表 2-5。

护栏清洗车主要技术参数表　　　　　　表 2-5

序号	项目名称	单位	参数值
1	最低作业速度	km/h	>4
2	清洗高度范围	mm	120～1400
3	清洗宽度范围（厚度）	mm	0～200
4	清洗作业时，车辆最外侧与护栏中心线的距离	mm	≥500
5	转场时，清洗装置离地间隙	mm	≥200
6	清洁度	%	>90
7	清洗 1km 护栏耗水量	L	<200
8	作业噪声	dB(A)	≤88

（4）墙面清洗车在规定的实验条件下，一次洗净率不低于 90%；作业时，具有自动调整刷毛贴墙距离的功能。

（5）普通钢板制造的水罐内表面应进行防腐处理。

（6）水罐、液压和水路系统不渗漏。

2.2.4　洒水车

洒水车是装备有水罐（箱）、水泵和洒水装置，可对路面实现冲洗和洒水降尘的专项作业车。主要用于道路、广场、草坪及港口码头等处的低压冲洗和洒水作业。随着市场的发展和技术水平的提升，洒水车的功能和使用范围已有很大扩展。

目前，洒水车主要的标配功能有喷嘴冲洗、洒水和水柱冲洗等。根据实际使用需求，可配备不同的作业装置实现一车多用，如喷雾降尘、绿化浇灌、融盐搅拌喷洒等。

选用洒水车时，需考虑的主要性能参数主要为洒水作业速度、洒水宽度、洒水量、喷嘴冲洗系统压力、水柱冲洗喷枪流量、喷枪射程、吸水深度、作业噪声等。现行行业标准

《洒水车》QC/T 54 规定了洒水车性能、安全、环保等方面的要求。《洒水车》QC/T 54—2006 规定：

（1）洒水车的主要技术参数需符合表 2-6 的规定。

洒水车主要技术参数 表 2-6

项目名称	单位	基本参数	
		水罐有效容积（m³）	
		<4	≥4
洒水作业速度	km/h	≥5	
洒水宽度	m	≥8	≥14
洒水量	L/m²	≥0.2	
喷嘴冲洗系统压力	kPa	≥300	
水柱冲洗喷枪流量	L/min	≥60	≥100
喷枪射程	m	>15	>20
吸水深度	m	≥4	
作业噪声	dB(A)	≤85	

（2）水罐应采用防腐材质或内表面进行防腐处理。

（3）水罐、水路系统不得渗漏。

2.2.5 除雪车

目前国内外除雪方法主要分为机械除雪法和化学除雪法，按照除雪原理及功能可分为：扫雪式、推雪式、吹雪式、抛雪式、融雪式、破冰式等，除雪车具备以上一种或多种功能，用于城市道路、快速路、环线、匝道、公路、机场等的除雪作业。

除雪作业方式需根据雪情、路况等因素综合考虑，不同积雪路况下常用的除雪作业方式可参见表 2-7。除雪作业中所用的融雪剂可按照现行国家标准《融雪剂》GB/T 23851 的规定生产。

除雪作业方式 表 2-7

积雪路况	≤150mm 浮雪	150～500mm 浮雪	500mm 以上浮雪	≤100mm 压实雪或薄冰层
作业方式	"推+扫+撒"或吹雪	"推+撒"或抛雪	抛雪辅以"扫+撒"	"撒+压滚破冰"辅以扫或吹

除雪车的推雪厚度、推雪作业除雪率、扫雪厚度、扫雪作业除雪率、破冰厚度应满足现行行业标准《城市道路除雪作业技术规程》CJJ/T 108 的规定。此外，选用除雪车时，需考虑的主要性能参数有作业宽度、作业速度、噪声等。现行国家标准《除雪车》GB/T 25977 规定了除雪车性能、安全、环保等方面的要求。

（1）除雪车主要技术参数需符合表 2-8 的规定。

除雪车主要技术参数 表 2-8

序号	项目名称	单位	基本参数
1	推雪宽度	mm	>2000
2	推雪铲避障能力	mm	≥120
3	推雪作业速度	km/h	≥20

续表

序号	项目名称	单位	基本参数
4	扫雪宽度	mm	＞2000
5	扫雪作业速度	km/h	≥20
6	抛雪距离	m	≥7
7	抛雪机除雪宽度	mm	＞2000
8	抛雪作业速度	km/h	≥4
9	吹雪宽度	m	≥3.5
10	吹雪作业速度	km/h	≥4
11	吹雪厚度（浮雪）	mm	≥20
12	吹雪作业除雪率	%	≥95
13	撒布宽度	m	≥4
14	撒布密度	g/m²	盐：5～60　砂子：40～320
15	撒布作业速度	km/h	≥10
16	破冰宽度	mm	＞2000
17	破冰作业速度	km/h	≥5
18	除冰率	%	≥90
19	作业噪声	dB(A)	≤89

（2）推雪铲、滚刷应有偏转装置，且推雪铲、滚刷、抛雪机、破冰机等除雪机具在非作业行驶时需具有安全锁止功能，刚性部件最小离地间隙≥200mm；作业时不能损坏作业路面；还必须安装标杆或示宽灯。

（3）撒布机的撒布料容器不得有撒布料漏出现象。

（4）吹雪机具在非作业行驶时应具有安全锁止功能，其刚性部件最小离地间隙≥200mm；吹雪风道应具有提升、下降功能，吹雪方向可左、右进行调整。

依据现行行业标准《城市道路清扫保洁质量与评价标准》CJJ/T 126 和《城市道路除雪作业技术规程》CJJ/T 108，清扫保洁作业时：

（1）融雪作业时应控制融雪剂对绿地和植物的影响。

（2）结冰期若进行机械洗扫、机械清洗、机械洒水和喷雾作业，应使用防冻的喷洒液。防冻的喷洒液性能指标不应低于现行国家标准《融雪剂》GB/T 23851 的要求，配制浓度应根据其冰点和路面温度确定。

2.2.6　电动车

除上述选用时考虑的性能要求外，在选用纯电动扫路车、洗扫车、清洗车、洒水车、除雪车时，其设备的安全性能还需满足现行国家标准《电动汽车安全要求》GB 18384 的规定，其高压电路防水性能符合现行行业标准《纯电动城市环卫车技术条件》QC/T 1087，且车辆道路特性应符合表 2-9 的要求。

纯电动车辆道路特性要求　　　　　　　　　　　　　　　　表 2-9

序号	项目	单位	性能要求
1	最高车速	km/h	≥70
2	最大爬坡度	%	≥15
3	续驶里程	km	≥120

2.3 实践思考和建议

（1）清扫保洁包含道路清扫保洁和水域保洁。道路清扫保洁相关设备的标准颇为齐全，但水域保洁作业相关的设备标准则比较缺乏，建议补充完善相关标准。

（2）因市场快速增长，进入行业的生产企业数量急剧增加，使得各类设备上的专用作业装置（如扫盘等）品种繁多、质量参差不齐、标准化程度低，给生产、使用单位带来极大不便，同时，生产不规范所导致的安全、环保问题也不容忽视。但目前行业上没有扫盘等专用作业装置相关的标准对其设计、生产进行规范与引导，建议制定相关作业装置的标准进行规范、统一。

第3章 公共厕所

公共厕所为供公众使用的厕所。从建筑结构来分，公共厕所分为固定式公共厕所（独立式、附属式）和活动式公共厕所（整体式、装配式）；从冲洗形式来分，公共厕所分为水冲式公共厕所和非水冲式公共厕所。水冲式公共厕所包括化粪池式公共厕所、下水道式公共厕所，非水冲式公共厕所包括免水冲卫生厕所、深坑式厕所等。

公共厕所系统分为前端、后端，其中前端包括卫生洁具、无障碍设施等直接由人使用的设施，后端主要包括化粪池及贮粪池等收集设施。其中，卫生洁具包括坐便器、蹲便器、小便器等；卫生洁具从材料分为陶瓷类（瓷质、炻陶质）、非陶瓷类（亚克力、人造石）。无障碍设施包括无障碍厕位、无障碍坐便器、无障碍小便器等。化粪池包括塑料化粪池、玻璃钢化粪池、混凝土化粪池等。

此外，免水冲卫生厕所分为打包集便厕所、泡沫封堵厕所、堆肥处理厕所。其厕所系统与水冲式厕所系统相比，主要区别为大便器结构不同、后端粪便的处理方式不同。其中打包集便厕所使用打包式大便器，泡沫封堵厕所使用泡沫式大便器，属于特殊卫生洁具。本指南固定式公共厕所所涉及的设备产品主要为卫生洁具、无障碍设施设备、化粪池及贮粪池、马桶盖等；活动式公共厕所所涉及的产品为整体式活动厕所，自身即为一整体产品。此外，公共厕所粪便处理与其他区域粪便处理一样，其产品指南见本指南第9章，本章节涉及粪便收集处理的产品主要为化粪池和贮粪池。

3.1　相关标准

GB 6952—2015 卫生陶瓷

GB/T 18092—2008 免水冲卫生厕所

GB 50015—2019 建筑给水排水设计标准

GB 50242—2002 建筑给水排水及采暖工程施工质量验收规范

GB 50642—2011 无障碍设施施工验收及维护规范

GB 50763—2012 无障碍设计规范

CJ/T 164—2014 节水型生活用水器具

CJ/T 378—2011 活动厕所

CJ/T 409—2012 玻璃钢化粪池技术要求

CJ/T 489—2016 塑料化粪池

CJJ 14—2016 城市公共厕所设计标准

JC/T 2116—2012 非陶瓷类卫生洁具

JGJ/T 304—2013 住宅室内装饰装修工程质量验收规范

3.2 活动厕所

活动厕所包括房体、粪便废弃物收集和处理系统、自动控制系统、采光及照明系统、通风及排气系统、电器及自动控制系统等。本指南的活动厕所为一整体产品。选用活动厕所时需考虑其抗风抗震性能、使用空间及设计误差、使用容量、材质的环保防水阻燃性能、整体密封性能、地坪防渗防滑性能、储粪箱设计要求、自控要求等。活动厕所可按现行行业标准《活动厕所》CJ/T 378 设计、生产。

（1）除轻型厕所外，活动厕所的房体整体结构应稳固，抗风性能不低于 8 级，抗震等级不低于 7 级，使用寿命不少于 10 年。

（2）通用厕间和小便间内部平面最小净尺寸不应小于 900mm×1200mm，无障碍厕间或特需功能厕间内部平面最小净尺寸不应小于 1500mm×1500mm，厕间内部高度不应小于 2100mm。

（3）活动厕所外廓尺寸和内部尺寸与设计图纸误差不应大于 5mm。

（4）动厕所的使用容量应符合不小于单厕位日连续使用 100 人次。

（5）活动厕所装饰及基层板材应符合现行国家标准《建筑材料放射性核素限量》GB 6566 的要求，具有环保、防水、阻燃的性能；表面应光滑平整无凹陷；内装饰材料的阻燃等级应符合现行国家标准《建筑设计防火规范》GB 50016 的要求。

（6）活动厕所内外装饰层应具有附着稳固、整体平整的性能，应符合现行国家标准《建筑装饰装修工程质量验收标准》GB 50210 的要求。

（7）活动厕所嵌缝应密封衔接、无漏雨、渗水；

（8）活动厕所地坪应采用防渗、防滑材料铺设，要求平整、密封，无渗水和积水现象。

（9）活动厕所储粪箱应与厕间内部空间隔绝；储粪箱应设置直径不小于 45mm 的排气管，下部与粪箱顶部的盖板连通，上部边缘应高于厕所屋顶 50mm 以上，并做防雨处理。

（10）活动厕所宜设置自动指示厕间使用状态（有人/无人）。

3.3 卫生洁具

公共厕所装配卫生洁具时，主要考虑卫生洁具数量、卫生洁具布局的使用空间、卫生洁具的基本性能要求等。

3.3.1 一般要求

依据现行行业标准《城市公共厕所设计标准》CJJ14，卫生洁具数量主要按不同区域功能确定厕位比例及厕位数后再确定，如蹲便器、坐便器、小便器和洗手盆数等。卫生洁具的使用空间是根据人体活动时所占的空间尺寸合理布置的。公共厕所卫生洁具的使用空间是按照常用的蹲便器、坐便器、小便器及洗手盆等不同尺寸及不同功能分别设定的，详见表 3-1。

常用卫生洁具平面尺寸和使用空间　　　　　　　表 3-1

洁具	平面尺寸（mm）	使用空间（宽 mm×进深 mm）
洗手盆	500×400	800×600
坐便器（低位、整体水箱）	700×500	800×600
蹲便器	800×500	800×600
卫生间便盆（靠墙式或悬挂式）	600×400	800×600
碗型小便器	400×400	700×500
水槽（桶/清洁工用）	500×400	800×800
烘手器	400×300	650×600

注：使用空间是指除了洁具占用的空间，使用者在使用时所需空间及日常清洁和维护所需空间。使用空间与洁具尺寸是相互联系的，洁具的尺寸将决定使用空间的位置。

公共厕所卫生洁具布置需要的使用空间需符合图 3-1～图 3-4 的规定。

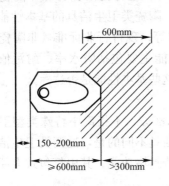

图 3-1　蹲便器人体使用空间

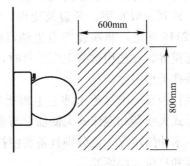

图 3-2　坐便器人体使用空间

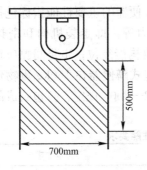

图 3-3　小便器人体使用空间

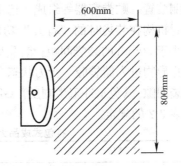

图 3-4　洗手盆人体使用空间

3.3.2　技术（设计）要求

1. 一般要求

城镇地区公共厕所一般选用瓷质坐便器、蹲便器、小便器等。现行行业标准《住宅室内装饰装修工程质量验收规范》JGJ/T 304 和《城市公共厕所设计标准》CJJ14 规定，公共厕所应采用节水防臭、性能可靠、故障率低、维修方便的器具，并需满足下列要求：

（1）卫生洁具表面应光洁、颜色均匀、无龟裂、无气泡、无污损等表观缺陷。

（2）卫生洁具应做满水或灌水（蓄水）试验。必须严密、畅通、无渗漏。检验方法：满水后各连接件不渗不漏，通水测试给水排水畅通，溢流正常。

（3）挂物钩应坚固、耐腐蚀。

（4）洗手龙头、洗手液应采用非接触式的器具。

（5）地漏应耐腐蚀、水封性能可靠。

（6）清洁池应坚固、易清洗。

除了上述基本性能要求外，选用卫生洁具的另一重要原则为节水性能，且不同标准均对此有指标规定。现行行业标准《城市公共厕所设计标准》CJJ14 规定，城市公共厕所卫生器具应采用先进、可靠、使用方便的节水卫生设备，其节水性能应符合现行行业标准《节水型生活用水器具》CJ/T 164 的规定。

2. 不同材质及类型卫生洁具

（1）常用卫生洁具

常用卫生洁具（坐便器、蹲便器、小便器）从材质上分为陶瓷类和非陶瓷类卫生洁具。其中现行国家标准《卫生陶瓷》GB 6952 规定，陶瓷类卫生洁具的基本性能主要包括釉层覆盖、外观、吸水率、开裂及变形、承载荷重等；现行行业标准《非陶瓷类卫生洁具》JC/T 2116 规定，非陶瓷类卫生洁具的基本性能主要包括吸水率、耐污值、巴氏硬度、承载荷重等。在选用这些卫生洁具时，应考虑这些基本性能是否达标。

（2）特殊类型卫生洁具

依据现行国家标准《免水冲卫生厕所》GB/T 18092，本指南中特殊类型卫生洁具主要包括打包式大便器和泡沫式大便器。与常用卫生洁具不同的是，这两类卫生洁具适用于前端粪便不水冲的情况，且分别具备粪便打包和泡沫封堵功能。其中打包式大便器分为打包式坐便器和打包式蹲便器。

打包式大便器基本结构由机架、走袋机构、密封机构、储袋架、便池架、长筒塑料袋、无袋检测装置、贮粪容器等组成。选用打包式大便器的重要性能指标包括密封性、走袋机构及密封机构在装袋时的"打开"功能、走袋力等。即走袋机构和密封机构在装袋时，应有不小于 30mm 的装袋间距。装袋后，密封机构能复位；走袋间隙应均匀，走袋应顺畅，能防止异物进入储袋腔，受力状态合理；打包式蹲便器在 150kg 重物作用下，仍应有足够的走袋间隙。《免水冲卫生厕所》GB/T 18092—2008 规定，打包式成品大便器使用性能需符合表 3-2 的规定。

<table>
<tr><td colspan="2" style="text-align:center">**打包式成品大便器使用性能要求**</td><td style="text-align:right">表 3-2</td></tr>
<tr><td>项目</td><td colspan="2">质量要求</td></tr>
<tr><td>打包功能</td><td colspan="2">1. 能自动完成
2. 停止在密封位置
3. 运行可靠</td></tr>
<tr><td>密封性</td><td colspan="2">密封间隙＜0.03mm</td></tr>
<tr><td>（走袋机构、密封机构在装袋时的）"打开"功能</td><td colspan="2">1. 间隙≥30mm
2. 操作方便
3. 运行灵活</td></tr>
<tr><td>走袋力</td><td colspan="2">1. 走袋力：25～30N
2. 走袋力稳定</td></tr>
<tr><td>长筒塑料袋检验</td><td colspan="2">不漏水</td></tr>
<tr><td>缺袋功能</td><td colspan="2">1. 缺袋时，不能走袋
2. 缺袋指示准确</td></tr>
<tr><td>走袋间隙</td><td colspan="2">间隙应确保走袋顺畅</td></tr>
</table>

泡沫式大便器基本结构由大便器便池、防止臭气返排机构、发泡机构、泡沫高度检测装置等组成，通常泡沫式大便器还备有清洁厕具的冲水管路。选用泡沫式大便器的重要性能指标主要包括发泡剂的腐蚀性和毒性、泡沫高度控制、发泡能力等，即发泡剂应无腐蚀、无毒（须经有资质的质量检验部门检验）。泡沫高度检测装置应防潮、防水，安装在不影响用厕、不影响保洁的位置，且不易损坏，便于维护。防止臭气返排机构可以从厕具上面检修或更换。《免水冲卫生厕所》GB/T 18092—2008 规定，泡沫式成品大便器使用性能需符合表 3-3 的规定。

泡沫式成品大便器使用性能要求　　　　　　　　表 3-3

项目	质量要求
防止臭气返排机构	1. 开闭灵活、准确、可靠 2. 粪便下滑顺畅
便池粪便下滑功能	下滑顺畅
泡沫高度的控制	1. 自动控制泡沫高度 2. 泡沫高度上限：坐便器坐圈面以下 100mm 处；蹲便器脚踏平面以上 10mm 处 3. 泡沫高度下限：能掩盖住分辨的高度 4. 下限＜泡沫高度＜上限
泡沫覆盖率	≥80%
泡沫掩盖度	≤30mm
快速发泡能力	≤120s
完全覆盖粪便能力	≤30s
泡沫高度失常报警	准确、可靠

（3）其他

其他卫生洁具主要为坐便器坐圈和盖。现行行业标准《坐便器坐圈和盖》JC/T 764 规定，坐便器坐圈和盖的基本性能主要为打开位置、翘曲量、不可恢复弯曲量、抗沾污性、抗燃性以及其缓冲垫及铰链耐用性等。在选用坐便器坐圈和盖时，应考虑这些基本性能是否达标。

3.3.3　施工要求

卫生洁具的安装属建筑给水排水行业的要求，主要参考标准为现行国家标准《建筑给水排水设计标准》GB 50015 和《建筑给水排水及采暖工程施工质量验收规范》GB 50242。依据标准，卫生洁具安装主要需考虑水封要求、洁具固定要求及安装高度要求等。其中无存水弯的卫生洁具安装时必须在排水口以下设存水弯，且存水弯的水封深度不得小于50mm；卫生洁具需采用预埋螺栓或膨胀螺栓安装固定。

3.4　无障碍设施

公共厕所中的无障碍设施包括无障碍厕间、无障碍卫生洁具、扶手、呼叫按钮等，在公共厕所设置无障碍设施时，主要考虑无障碍设施的数量、无障碍厕间的空间尺寸、无障碍卫生洁具及包括抓杆、按钮等相应设施的安装要求，主要是满足无障碍人士的特殊使用需求，包括空间要求，抓杆、按钮、感应设施等辅助助力设施要求。

3.4.1 一般要求

现行国家标准《无障碍设计规范》GB 50763 规定，女厕所的无障碍设施包括至少 1 个无障碍厕位和 1 个无障碍洗手盆；男厕所的无障碍设施包括至少 1 个无障碍厕位、1 个无障碍小便器和 1 个无障碍洗手盆。现行行业标准《城市公共厕所设计标准》CJJ14 规定，城市公共厕所男女厕所间应至少各设 1 个无障碍厕位；活动式公共厕所应至少配置 1 个无障碍厕位或第三卫生间及相关配套无障碍设施。在实际应用中，若公共厕所单独设置 1 处无障碍厕间（有单独出入口）或第三卫生间，则男女厕所中无须再设置无障碍厕位。

3.4.2 技术（设计）要求

1. 无障碍厕间

无障碍厕间入口和室内空间应方便乘轮椅者进入和使用，内部应能保证轮椅进行回转。现行国家标准《无障碍设计规范》GB 50763 规定，无障碍厕位应方便乘轮椅者到达和进出，尺寸宜做到 2.00m×1.50m，不应小于 1.80m×1.00m；无障碍厕位的门宜向外开启，如向内开启，需在开启后厕位内留有直径不小于 1.50m 的轮椅回转空间，门的通行净宽不应小于 800mm，无障碍厕间的门在紧急情况下应能从外面向外打开；厕间内部应设坐便器、洗手盆、多功能台、挂衣钩和呼叫按钮，其中挂衣钩距地高度不应大于 1.20m；厕间内安全抓杆应安装牢固，直径应为 30～40mm，内侧距墙不应小于 40mm。

2. 无障碍坐便器

无障碍坐便器两侧应设安全抓杆。轮椅接近坐便器一侧应设可垂直或水平 90°旋转的水平抓杆，另一侧应设 L 形抓杆。现行国家标准《无障碍设计规范》GB 50763 规定，坐便器两侧距地面 700mm 处应设长度不小于 700mm 的水平安全抓杆，另一侧应设高 1.40m 的垂直安全抓杆。坐便器旁的墙面上应设高 400～500mm 的救助呼叫按钮。取纸器应设在坐便器的侧前方，高度应为 500～600mm。

3. 无障碍小便器

现行国家标准《无障碍设计规范》GB 50763 规定，无障碍小便器下口距地面高度不应大于 400mm。小便器两侧应在离墙面 250mm 处，设高度为 1.20m 的垂直安全抓杆，并在离墙面 550mm 处，设高度为 900mm 水平安全抓杆，与垂直安全抓杆连接。

4. 无障碍洗手盆

现行国家标准《无障碍设计规范》GB 50763 规定，无障碍洗手盆的水嘴中心距侧墙应大于 550mm，其底部应留出宽 750mm、高 650mm、深 450mm 供乘轮椅者膝部和足尖部的移动空间，并在洗手盆上方安装镜子，出水龙头宜选用杠杆式水龙头或感应式自动出水方式。

3.5 化粪池及贮粪池

3.5.1 技术（设计）要求

1. 化粪池

公共厕所后端的化粪池设计时，主要考虑化粪池的容积、三格之间的容量比例、池壁和池底的防渗性、通气及进出水要求等。现行国家标准《建筑给水排水设计标准》GB 50015规定，化粪池的尺寸、容量及主要技术要求如下：

（1）化粪池的长度与深度、宽度的比例需按污水中悬浮物的沉降条件和积存数量，经水力计算确定。但深度（水面至池底）不小于1.30m，宽度不小于0.75m，长度不小于1.00m，圆形化粪池直径不小于1.00m。

（2）双格化粪池第一格的容量宜为计算总容量的75%；三格化粪池第一格的容量宜为总容量的60%，第二格和第三格各宜为总容量的20%。

（3）化粪池格与格、池与连接井之间应设通气孔洞。

（4）化粪池进水口、出水口应设置连接井与进水管、出水管相接。

（5）化粪池进水管口应设导流装置，出水口处及格与格之间应设拦截污泥浮渣的设施。

（6）化粪池池壁和池底，应防止渗漏。

（7）化粪池顶板上应设有人孔和盖板。

（8）现行行业标准《城市公共厕所设计标准》CJJ14规定，公共厕所化粪池选用可按其服务人数考虑其容积大小。

化粪池按材质分，可分为钢筋混凝土化粪池、塑料化粪池、玻璃钢化粪池等。其中塑料化粪池主要性能需符合现行行业标准《塑料化粪池》CJ/T 489的规定，玻璃钢化粪池主要性能需符合现行行业标准《玻璃钢化粪池技术要求》CJ/T 409的规定。

（1）钢筋混凝土化粪池

1）钢筋混凝土化粪池分为无覆土和有覆土两种情况：当有效容积为2~50m³及沉井式化粪池6~30m³按无覆土和有覆土两种情况设计。当有效容积为75m³、100m³时，单池及双池均按有覆土设计。

2）在选用化粪池时应注意工程地质情况和地下水位深度。当施工现场狭窄，不便于开挖或开挖会影响邻近建筑物基础安全时可选用沉井式化粪池。选用化粪池时，还需注意地面是否过汽车，化粪池顶面不过汽车时的活荷载标准值为10kN/m²，顶面可过汽车时活荷载为过汽车减去超20级重车。

3）化粪池均设置通气管。

4）化粪池进、出水管有3个方向可选，进出水管必须设置三通导流。

5）当供暖计算温度低于−10℃时，必须采用有覆土化粪池；在最冷月平均温度低于−13℃地区，化粪池水面应设置在该地区的冰冻线以下。

（2）塑料化粪池

1）用于生产化粪池的基础材料分别以聚乙烯（PE）、聚丙烯（PP）或硬聚氯乙烯（PVC-U）等树脂为主。允许掺入提高材料使用性能和加工性能的增强材料和添加剂，但树脂含量（质量分数）应在80%以上。

2）池体外表面应色泽均匀、光滑、无裂纹、不应有孔洞、凹陷或明显划痕，池体表面加强筋应完整。

3）化粪池构造除池体外，应包括通气孔、清掏孔、进水孔、出水孔和过水断面孔。进、出水孔高差不小于100mm。

4）当化粪池有效容积小于或等于6m³时，池体清掏孔直径应不小于400mm，高度应不小于100mm，边缘应整齐；当化粪池有效容积大于 $6m^3$ 时，池体清掏孔直径应不小于600mm，高度应不小于100mm，边缘应整齐。清掏孔的数量根据化粪池分格数而定，两格的化粪池可设置1个清掏孔，三格的化粪池应设置2个（或2个以上）清掏孔。当清掏孔的数量小于分格数时，清掏孔应设置在隔板的正中间。

5）化粪池池体尺寸及偏差应符合表3-4的规定。

池体尺寸及偏差 表3-4

项目	池壁结构形式				
	带肋结构壁		实壁		
	聚乙烯（PE）	聚丙烯（PP）	聚乙烯（PE）	聚丙烯（PP）	硬聚氯乙烯（PVC-U）
最小壁厚 d(mm)	7	7	10	10	8
有效容积偏差	±3%				

注：表中壁厚为带肋结构壁不包括肋条的最薄处尺寸。

6）化粪池池体经荷载试验、负压试验、抗冲击试验后，应无破裂、裂缝、损坏。化粪池与清掏井壁连接处、与管道连接处经水压测试后应不渗漏，具体指标可见现行行业标准《塑料化粪池》CJ/T 489。

7）高地下水区域使用塑料化粪池时需满足抗浮要求。

（3）玻璃钢化粪池

1）玻璃钢化粪池（罐）应满足使用年限不低于50年、安全等级不低于二级的要求。

2）玻璃钢化粪池（罐）在各项组合作用下，对罐体的内力分析应按弹性体计算；应根据正常建造、正常运行过程中可能发生的各种工况组合、地震作用和环境影响进行承载力和变形计算。

3）玻璃钢化粪池埋设地点的地面荷载按不过车和过车两种情况考虑，不过车时，地面堆积荷载标准取值 $10kN/m^2$；过车时，汽车荷载按城-B级（ $W=55t$ ）考虑。

4）罐内的进、出水口应采用导流三通、导流弯头或导流板对进、出水流进行导流。当采用导流弯头时，弯头内部应有直径不小于100mm的通气孔；当采用导流板时，最高处应开通气孔，孔底距罐内顶最高处不小于50mm。

5）罐内最高水位距罐内顶最高处的净空高度应根据进、出水管管径确定。

6）基体材料应采用不饱和聚酯树脂，其性能应符合现行国家标准《纤维增强塑料用液体不饱和聚酯树脂》GB/T 8237的要求。化粪池结构不应采用金属材料增强；增强材料应采用无碱（或中碱）成分玻璃纤维无捻粗纱或玻璃纤维无捻粗纱布，其性能应分别符合现行国家标准《玻璃纤维无捻粗纱》GB/T 18369和现行国家标准《玻璃纤维无捻粗纱布》GB/T 18370的要求。不应使用陶土坩埚生产的含有高碱成分的玻璃纤维无捻粗纱或玻璃纤维无捻粗纱布作为增强材料。

7）罐体外表面应光滑、无裂纹，不应有明显划痕；罐体内表面应为富树脂层，表面应光滑平整，不应有玻璃纤维裸露，无目测可见裂纹、划痕、疵点及白化分层等缺陷。

8）罐体清掏孔径不应小于500mm，高度不应小于100mm，边远应整齐，厚度应均匀、无分层，加工断面应加封树脂。清掏孔的数量根据化粪池分格而定，分为两格的化粪池可设置1个清掏孔，分为三格的化粪池应设置2个（或2个以上）清掏孔。

9）罐体尺寸偏差应符合表3-5的规定。

罐体尺寸偏差　　　　　　　　　　　　　　　表 3-5

项目	偏差
长度	±100mm
直径	±20mm
高度	±20mm
壁厚	任一截面的罐壁平均厚度不应小于规定的设计厚度，其中最小罐壁厚度不应小于设计厚度的 90%

10) 化粪池罐体巴氏硬度应≥34；吸水率≤1%；经耐水试验后，罐体应无异状，强度保留 85% 以上；冲击试验后表面无裂纹；渗漏试验后无渗漏现象且无明显变形；Ⅰ型初始环刚度应大于等于 5000N/m²，Ⅱ型初始环刚度应大于等于 10000N/m²。

11) 高地下水区域使用玻璃钢化粪池时需满足抗浮要求。

2. 贮粪池

贮粪池设计时，需主要考虑容积、防冻措施，以及不同位置时贮粪池的排气口性能。

(1) 当贮粪池设置于地下时，其贮粪容积可依据现行行业标准《城市公共厕所设计标准》CJJ14 的规定计算，其清掏次数在冬季结冰地区，应按冬季最长的清掏周期确定；且应设置高于屋顶的排气口。

(2) 现行国家标准《免水冲卫生厕所》GB/T 18092 规定，当贮粪箱设置在地面以上时，一般需考虑液位报警装置，并设置出口高于屋顶的排气管；其排空口直径不小于 100mm，且抽吸口和排空口应能可靠密封。冬季时，贮粪箱要有保温防冻措施。

3.5.2　施工要求

现行行业标准《城市公共厕所设计标准》CJJ14 规定，化粪池和贮粪池的安装主要考虑对周边的影响，包括环境影响、作业便利性影响、安全影响等。其中化粪池和贮粪池安装时距离地下取水构筑物不得小于 30m；应设置在人们不经常停留、活动之处，并应靠近道路以方便抽粪车抽吸；池壁距建筑物外墙不宜小于 5m，并不得影响建筑物基础；四壁和池底应做防水处理，池盖必须坚固（可能行车的位置）；检查井、吸粪口不应设在低洼处。钢筋混凝土化粪池及玻璃钢化粪池的具体安装要求如下：

(1) 钢筋混凝土化粪池安装

施工时，混凝土构件必须保持表面平整光滑无蜂窝麻面，制作尺寸误差≤3mm。现浇盖板与各盖板之间的缝隙用 1:2 水泥砂浆填实。所有外露铁件均涂防锈漆 2 道。各个型号的化粪池底板均为双层钢筋，施工时在上下层钢筋之间加马凳。池壁双层钢筋间需加拉结筋。在化粪池满水试验后安装混凝土盖板，然后在周围进行回填土作业，要求对称均匀回填、分层夯实。寒冷地区化粪池在冰冻线以上回填土时，沿外壁加填 300mm 厚松散的砂土或煤渣，防止池壁开裂。在有地下水或雨期施工时，要做好排水措施。

(2) 玻璃钢化粪池安装

玻璃钢化粪池不适用于湿陷性黄土、永久性冻土、膨胀土、抗震设防烈度为 9 度及以上和其他特殊地质条件的埋设。安装罐体时，应在地面上先检查其外观。化粪池（罐）设置位置及埋设深度应符合具体工程设计。罐体清掏孔井宜采用塑料、玻璃钢等材质的污水检查井筒；也可采用预制混凝土、非黏土砖砌体等污水检查井筒。化粪池（罐）就位、临时支撑牢固后，应进行闭水试验，闭水后及时回填。

3.6 实践思考和建议

1. 公厕后端粪便就地处理

目前对后端无污水管网公共厕所的处理设施配套方面有一些应用，但缺少相应总结和标准，宜在评估前提下增加相关研究及标准编制。

2. 活动厕所运行维护

缺少活动厕所的运行维护管理要求，宜对原活动厕所标准进行修订。

3. 新型卫生厕所

免水冲、真空技术已经逐步推广应用，但因缺少技术总结及评估，目前缺少这类厕所安装要求、运行维护管理标准，原免水冲卫生厕所标准应深化细化。此外，现行免水冲卫生厕所标准中对堆肥式免冲厕所技术要求未涉及。

第 4 章　垃圾收运

生活垃圾应实行分类收集、运输，收运系统包括收集、中转、转运 3 个阶段，各阶段应根据分类情况进行分类收运，避免先分后混，收运系统示意图如图 4-1 所示。

图 4-1　收运系统示意

（1）垃圾收集：包括垃圾收集点、垃圾收集站。主要设施为分布在人口密度大的收集容器，如垃圾桶、垃圾箱、埋地式收集装置、移动式垃圾压缩站等。

（2）中转：将收集站点的垃圾中转到转运站。中转设备主要有压缩式垃圾车、车厢可卸式垃圾车、无泄漏式垃圾压缩车等。

（3）转运站和转运：在垃圾收集运输过程中占有重要地位。根据规模不同分为大、中、小型转运站，主要装备有水平压缩和竖直压缩等工艺，以实现垃圾的减容减量，降低转运成本。转运设备有车厢可卸式垃圾车、压缩对接式垃圾车等。

本指南涉及的垃圾收运设施设备主要为收集容器、收集站、转运站、压缩式垃圾车、厨余垃圾车、车厢可卸式垃圾车等。在配置垃圾收运设施设备时，主要考虑收运容量需求、垃圾源产生分布、收运距离、经济性、分类要求等，并需有利于环境卫生作业和环境污染控制。

4.1　相关标准

GB 3096—2008 声环境质量标准

GB 7258—2017 机动车运行安全技术条件

GB 8978—1996 污水综合排放标准

GB 14554—1993 恶臭污染物排放标准

GB 16297—1996 大气污染物综合排放标准

GB/T 19095—2019 生活垃圾分类标志

GB 50303—2015 建筑电气工程施工质量验收规范

GB 50337—2018 城市环境卫生设施规划标准

GB 51260—2017 环境卫生技术规范 CJJ/T 102—2004 城市生活垃圾分类及其评价标准

CJ/T 127—2016 压缩式垃圾车

CJ/T 280—2020 塑料垃圾桶通用技术条件

CJ/T 338—2010 生活垃圾转运站压缩机

CJ/T 377—2011 废物箱通用技术要求

CJ/T 391—2012 生活垃圾收集站压缩机

CJ/T 483—2015 埋地式垃圾收集装置

CJ/T 496—2016 垃圾专用集装箱

CJJ 27—2012 环境卫生设施设置标准

CJJ/T 47—2016 生活垃圾转运站技术规范

CJJ 109—2006 生活垃圾转运站运行维护技术规程

CJJ 179—2012 生活垃圾收集站技术规程

CJJ 205—2013 生活垃圾收集运输技术规程 JB/T 10855—2008 垃圾转运站设备

QB/T 4902—2016 金属垃圾箱

QC/T 52—2015 垃圾车

QC/T 848—2011 拉臂式自装卸装置

QC/T 935—2013 餐厨垃圾车

QC/T 936—2013 车厢可卸式垃圾车

QC/T 1087—2017 纯电动城市环卫车技术条件

4.2 收集容器性能要求

收集容器用作垃圾的暂存，主要有废物箱、垃圾桶、垃圾箱、埋地式垃圾收集装置等。垃圾收集容器是垃圾收集点的主要形式，除此之外，垃圾收集点还包括放置垃圾收集容器的垃圾房，或不设置垃圾容器的垃圾房及垃圾池等。选用垃圾收集容器主要根据当地气候条件、收集规模及收集服务的区域确定。实行垃圾分类区域的垃圾收集容器的颜色和分类标志可参照现行国家标准《生活垃圾分类标志》GB/T 19095，且需符合当地垃圾分类政策的要求。

4.2.1 塑料垃圾桶

120L 和 240L 的两轮移动式塑料垃圾桶是目前使用最多的收集容器，在选用垃圾桶时，主要考虑垃圾桶的尺寸要求、厚度要求、材料要求及机械性能等。

（1）桶体基本尺寸，包括垃圾桶宽度、高度、滚轮直径、轮面宽度、桶底桶盖和桶壁厚度，均需满足现行行业标准《塑料垃圾桶通用技术条件》CJ/T 280 的要求。

（2）桶身及桶盖宜用高密度聚乙烯（HDPE）或其他工程塑料为原料。

（3）桶身及桶盖材料的抗冷热性、抗老化性、硬度指标等均符合现行行业标准《塑料垃圾桶通用技术条件》CJ/T 280 的要求。

（4）轮轴的材料为实心钢轴；滚轮的轮毂及辋圈宜采用高密度聚乙烯，轮胎应采用橡胶材质；脚踏翻盖机构材质为金属材料。

（5）塑料垃圾桶机械性能要求主要为脚踏机构可靠性、承载力、吊挂部位可靠性以及耐冲击力等，性能要求需通过抽样测试确定，也需符合现行行业标准《塑料垃圾桶通用技术条件》CJ/T 280 的要求。

4.2.2　废物箱

废物箱俗称果皮箱，设置于道路两侧和公共场所等处供人们丢弃废弃物。目前我国一些大城市在精细化管理的要求下，已逐步向国外先进城市靠拢，并不完全按道路间隔设置，而是逐步取消废物箱，仅在一些必要的地方设置。选用废物箱时，主要考虑其材料质地和厚度、阻燃性能、尺寸要求等，《废物箱通用技术要求》CJ/T 377—2011 规定：

（1）金属材质废物箱桶身厚度依据材质不同而不同，其中不锈钢板废物箱桶身厚度不小于 0.8mm，铸铁废物箱桶身厚度不小于 6mm；玻璃钢材质废物箱桶身材料厚度不小于 1.2mm；其他金属材质废物箱桶身材料厚度不小于 3mm。

（2）废物箱箱体总高在 1300mm 以下。

（3）非金属材质的废物箱应具有阻燃性能。

（4）碳钢、铸铁等废物箱内外表面需涂防腐蚀油漆或采用不易腐蚀、阻燃性高的材料处理。

（5）顶盖应能起到防雨作用，箱体内积水不应外泄。

（6）废物箱应具备一定的防盗功能。

4.2.3　金属垃圾箱

金属垃圾箱多用于工作单位、物料小区、家庭和酒店客户等场所，有效容积不大于 200L。选用金属垃圾箱时，主要考虑垃圾箱的材料要求、结构和尺寸要求等。《金属垃圾箱》QB/T 4902—2016 规定：

1. 材料要求

（1）使用镀锌钢板时，钢板的抗拉强度不应低于 345MPa；箱体钢板公称厚度不小于 0.8mm；顶盖厚度不小于箱体厚度。

（2）使用不锈钢制作时，箱体钢板公称厚度不小于 0.6mm，顶盖厚度不小于箱体厚度。

（3）使用其他金属材料时，其结构强度符合本小节第 3 条（1）的要求。

2. 结构、尺寸要求

（1）顶盖能起防雨作用，箱体内积水不外泄。

（2）活动顶盖的开户角度不应小于 75°，门的开户角度不应小于 90°。

（3）60L 以上的产品配备投放口，投放口设置在箱体顶部或侧面上部，投放口下缘距地面距离为 550～950mm，投放口短边尺寸不小于 110mm。

3. 性能要求

（1）产品在距地面 1m 处，自由落体 2 次后无明显变形、破损等异常现象；产品满载明示有效容积的自来水，保持（60±5）min 后无明显变形、破损等异常现象。

（2）门（盖板）启闭力不应大于 20N，经耐久性试验启闭 10000 次后，仍满足要求。

（3）产品表面不可见面应作防锈处理。

4.2.4　埋地式垃圾收集装置

埋地式垃圾收集装置是垃圾桶投料口位于地面上，主体装置置于地面以下，通过自身动力装置升降垃圾桶，实现生活垃圾收集、暂存的垃圾收集设备。该收集装置在国外主要适用于社区、医院、停车场、公园等处，该方式的收集容器占地面积小、收集效率高，但需配置专用吊装车辆，且需有相适应的吊装作业用地及一定宽度的道路；对于污水量较大的生活垃圾，底端需设有污水收集装置（储水槽）。

选用埋地式垃圾收集装置时，除了需考虑道路交通条件、垃圾含水量、设置位置满足要求外，还需考虑收集装置各部件的刚度和强度、耐腐蚀性、壳渗漏性能、升降装置性能、噪声等。埋地式垃圾收集装置使用的塑料垃圾桶规格主要为 240L、660L 或 1100L，《埋地式垃圾收集装置》CJ/T 483—2015 规定：

（1）不同规格的埋地式垃圾收集装置的设计参数见表 4-1。

埋地式垃圾收集装置主要技术参数

表 4-1

序号	项目		规格		
			1000L	600L	240L
1	地上部分尺寸(mm) （投口装置壳体）	L	900～1000	650～730	500～650
		W	650～750	550～630	500～550
		H	900～1000	900～1000	900～950
2	地下部分尺寸(mm) （基坑结构壳体）	L	1500～1600	1400～1480	1140～1180
		W	1750～1850	1700～1780	1010～1050
		H	1420～1520	1380～1460	1140～1180
3	投口尺寸(mm)		A：450～550；B：400～550		
4	额定装载量(kg)		520	350	130
5	提升速度(m/s)		0.02～0.03		
6	下降速度(m/s)		0.067～0.08（空载）		
7	升降高度(mm)		1370～1400	1340～1370	1130～1160
8	电机功率(kW)		1.6～2.2	1.0～1.6	0.5～0.8
9	电源形式		DC12V/24V；AC220V/380V（根据环境条件选择）		

（2）各部件应进行耐腐蚀处理，有足够的强度和刚度，不产生影响使用性能的变形。

（3）基坑钢结构壳体内部应无渗漏，上部沿口应设置环状密封条与基坑盖接触，防止雨水等渗入腔体。

（4）投放口装置宜采用不锈钢及防腐材料制作，并宜设置脚踏式启闭机构装置。

（5）升降装置的提升架内部净高度高于垃圾桶最高点，其间隙不小于 30mm，内部净宽度与净长度大于垃圾桶最大宽度和长度，其间隙宜为 20～40mm；油缸行程与提升高度相匹配并保留大于或等于 30mm 的调整余量；锁紧机构处于锁紧状态时能防止提升架下坠。

（6）电气系统的控制回路电压优先采用 DC24V 或 DC12V，当无法使用安全电压时，电器工程施工质量应符合现行国家标准《建筑电气工程施工质量验收规范》GB 50303 的规定。

4.3 收集站（点）

4.3.1 一般要求

垃圾收集站（点）是将垃圾集中收集的垃圾收集设施，主要起垃圾集中和暂存的功能。

垃圾收集点可采用放置废物箱、垃圾桶、垃圾箱等垃圾收集容器或建设垃圾容器间的方式，一般为敞开或半敞开（有顶无墙）的垃圾收集场地。

收集站一般是指具有垃圾收集功能的构（建）筑物，按其是否具备压缩功能，分为压缩式垃圾收集站和非压缩式收集站，为提高收集和运输效率，推荐采用压缩式垃圾收集站。压缩式垃圾收集站设备包括受料装置、收集箱、垃圾压缩机、提升装置等。

垃圾收集站设置时需方便收集人员和车辆的操作及居民投放垃圾，实施垃圾分类收集的区域，垃圾收集站的设置需与分类投放和运输相适应。垃圾收集站的设置与建设可参考国家现行标准《环境卫生技术规范》GB 51260、《城市环境卫生设施规划标准》GB/T 50337、《环境卫生设施设置标准》CJJ 27、《生活垃圾收集运输技术规程》CJJ 205 和《生活垃圾收集站技术规程》CJJ 179 等的规定执行。

4.3.2 技术（设计）要求

1. 收集点设备

《生活垃圾收集运输技术规程》CJJ 205—2013 规定垃圾收集点设置时的主要指标见表 4-2。垃圾收集点放置的废物箱、垃圾箱等收集容器的主要性能要求见本节第 4.2 节。

垃圾收集点主要指标 表 4-2

类型	占地面积（m²）	与相邻建筑间隔（m）	绿化隔离带宽度（m）
垃圾桶（箱）	5～10	≥3	—
固定垃圾池	5～15	≥10	≥2
袋装垃圾投放点	5～10	≥5	—

2. 收集站设备

（1）垃圾压缩机

垃圾压缩机是收集站的主要设备，垃圾压缩机按垃圾压缩作业方式分为水平式和垂直式，参考《生活垃圾收集站压缩机》CJ/T 391—2012，单机生产能力小于 20t/h 的水平式垃圾压缩机（收集站规模一般小于 30t/d，通常不会选用单机生产能力大于或等于 20t/h 的垃圾压缩机）的主要技术参数见表 4-3。

水平式垃圾压缩机主要技术参数 表 4-3

项目	指标		
压缩机生产能力（t/h）	<5	5～10	>10
压缩循环时间（s）	<70	<70	<70
作业循环时间（min）	<18	<18	<20
进料腔容积（m³）	>1	>1.5	>4
压头面积（cm²）	≥8000	>10000	>11000
压头入箱距离（mm）	>300	>300	>300
压缩力（kN）	≥140	≥300	≥360
匹配转运箱容积（m³）	8～12	12～22	18～24
压缩后垃圾密度（kg/m³）	>500	>600	>600
额定工作电压（V）	380	380	380
总功率（kW）	>5.5	>7.5	>11
移位机构速度（m/s）	0.01～0.05	0.01～0.05	0.01～0.05

注：移位机构速度参数仅适用于移位式压缩机，固定式无此项。

在选用垃圾压缩机时，除了基本技术参数需符合表4-3外，在水平和垂直压缩两种方式的选用上可根据自己需求确定。但目前在垃圾分类的趋势下，由于湿垃圾含水率高，而很多收集站没有相应的污水处理设施，可选用垂直压缩式。此外，选用压缩机时，还需考虑压缩机各部件的性能要求，如耐腐蚀性、作业噪声、液压系统等：

1）垃圾压缩机各部件应进行耐腐蚀处理，应有足够的强度和刚度，不产生影响性能的变形。

2）压头工作表面工作压强不小于 $1.1kg/cm^2$，压头工作表面积不宜小于 $8000cm^2$。

3）设备作业噪声不宜大于 65dB(A)。

4）液压系统不得有渗漏现象。

（2）受料装置

《生活垃圾收集站技术规程》CJJ 179—2012 对受料装置的规定：

1）应具备良好的防止垃圾扬尘、遗撒、臭味扩散等性能。

2）卸料斗容积不应小于 $1.2m^3$。

3）料斗提升力不应小于 500kg。

（3）收集箱

《生活垃圾收集站技术规程》CJJ 179—2012 对收集箱的规定：

1）后门配备锁紧装置，保证后门锁紧严密。

2）防止污水洒漏，可外置或利用自身结构存储污水。

3）采用高强度钢板，耐磨、耐腐蚀性好，不易变形，表面应进行防腐处理。

4）收集箱的箱体容积不应小于 $5m^3$。

5）收集箱上下车最大高度不应大于 5.5m。

（4）提升装置

《生活垃圾收集站技术规程》CJJ 179—2012 对提升装置的规定：

1）应具备限速、减速功能，并有安全保护装置。

2）提升高度距地面不应大于 5.5m。

3）升降循环时间不应大于 60s。

4.3.3　施工要求

垃圾收集站设备安装施工与验收应符合现行国家标准《机械设备安装工程施工及验收通用规范》GB 50231 的规定。

4.3.4　运行管理要求

1）垃圾收集容器应无残缺、破损，封闭性好，及时清洗。

2）分类收集容器应具有明显分类标识，并保持标识的完整清洁。

3）设备保护装置失灵或工作状态不正常时，及时停机检查维修。

4）收集站内各种设施、设备定期检查维护。

4.4　转运站

4.4.1　一般要求

垃圾转运站是将收集来的生活垃圾进行压缩减容减量再转运至末端处理场地的设施。

垃圾转运站包括建筑部分和设备部分，垃圾转运站设备包括主机、供料机构、装载机构、转载机构、称重计量设备、通风除尘除臭设备、监控系统及其他辅助设备等，是对收集来的生活垃圾进行快速压缩减容减量，并以将垃圾转运至终端处理场所为目的的成套设备。

垃圾转运站设备主要分为水平直压式、水平预压式、竖直直压式和竖直预压式，其中：

（1）水平直压式：压缩方向为水平，有受料仓，垃圾压缩在分离的垃圾箱内完成。具有一机多箱和一车多箱、设备利用率高等优点，可根据前端收集车辆选择不同的上料方式，适应能力强。

（2）水平预压式：压缩方向为水平，有受料仓，垃圾压缩在压缩机内的压缩仓内完成。具有压实密度大、净载率高等优点，可根据前端车辆选择不同的上料方式，适应能力强。

（3）竖直直压式：压缩方向为垂直，无受料仓，垃圾压缩在分离的垃圾箱内完成。具有一机多箱和一车多箱、设备利用率高、作业工艺流程短等优点，对前端车辆的适应能力较差。

（4）竖直预压式：压缩方向为垂直，有受料仓，垃圾压缩在压缩机内的压缩仓内完成。具有压实密度大、净载率高等优点，对前端收集车辆的适应能力差。

垃圾转运站的规划与建设可按照国家现行标准《环境卫生技术规范》GB 51260、《城市环境卫生设施规划标准》GB/T 50337、《环境卫生设施设置标准》CJJ 27、《生活垃圾转运站运行维护技术规程》CJJ 109 及《生活垃圾转运站技术规范》CJJ/T 47 等的规定执行。

4.4.2 技术（设计）要求

主机是垃圾转运站中处理垃圾的主要设备，有垃圾压缩机和垃圾散装机（具有压缩功能）2 种，参考现行行业标准《垃圾转运站设备》JB/T 10855，在设计主机时，需考虑主机的理论生产率、主机数量、压缩机压缩循环时间、主机作业循环时间等。

4.5 收运车辆性能要求

垃圾收集运输车辆应根据垃圾分类品种、服务范围内垃圾产生量、收运距离和收运频率等因素进行合理配置。目前主要的垃圾收运车辆有压缩式垃圾车、厨余垃圾车、车厢可卸式垃圾车、自装卸式垃圾车、桶装垃圾运输车、密闭式桶装垃圾运输车、压缩式对接垃圾车等。与清扫保洁设备一样，收运车辆的安全要求也需符合现行国家标准《机动车运行安全技术条件》GB 7258 的规定。

目前生活垃圾分类收集比较常用的收运车辆参见表 4-4。

生活垃圾分类运输车辆　　　　　　　　　　　　　　　　　　表 4-4

序号	生活垃圾类别	常用收运车辆类别
1	有害垃圾	密闭式桶装垃圾车
2	可回收物	压缩式垃圾车、密闭式桶装垃圾车、桶装垃圾运输车、自装卸式垃圾车、车厢可卸式垃圾车
3	厨余垃圾	压缩式垃圾车、厨余垃圾车、自装卸式垃圾车
4	其他垃圾	除厨余垃圾车外的垃圾车

收运车辆及收运模式的制定需综合考虑垃圾产生量、垃圾收运距离、作业区域及路况等因素，车辆配置数量可参照现行行业标准《生活垃圾收集运输技术规程》CJJ 205。

4.5.1 垃圾车

选用厨余垃圾车、车厢可卸式垃圾车以外的垃圾车时，应考虑工作循环时间（装载）、工作循环时间（倾翻卸料）、倾翻角度（倾翻卸料）、污水箱容积比率、作业噪声、专用工作机构可靠度等性能。可按照现行行业标准《垃圾车》QC/T 52 执行。

（1）垃圾车的主要技术参数见表 4-5。

垃圾车主要技术参数　　　　表 4-5

序号	项目	性能要求
1	工作循环时间（装载）（s）	＜40
2	工作循环时间（倾翻卸料）（s）	≤60
3	倾翻角度（倾翻卸料）（°）	≥45
4	污水箱容积比率（%）	≥2
5	作业噪声［dB(A)］	85

注：污水箱容积比率的要求仅限于设置有污水箱和压缩功能的垃圾车。

（2）操纵机构需具有防止意外启动的功能，有多个电控操作工位的垃圾车应设置联锁装置。

（3）专用工作机构可靠度应不小于80%。

（4）车箱具有足够的强度和刚度，作业过程中不应发生永久变形；门（盖）应密闭可靠。垃圾车行驶时不得有垃圾或污液渗出；垃圾车行驶时门（盖）不应发生松动、自开及车箱自行举升现象；倾翻卸料的垃圾车应有车箱缓降功能，设置检修用的防止车箱举升后下落的安全装置。

（5）装载机构能将垃圾桶垃圾倾倒干净，并在任何工作位置停止和启动。

（6）有压缩机构的垃圾车应有压力过载保护功能，作业时，填装器和压缩装置不应有形变，且应设置防止填装器举升时下落的撑杆或其他安全装置。

4.5.2 压缩式垃圾车

压缩式垃圾车是能实现垃圾收集、压缩、转运和卸料等功能的专用汽车，主要对分散于各收集点的桶装、袋装和散装垃圾进行收集运输。按车辆装载垃圾的区域不同，压缩式垃圾车可分为在车辆尾部装载垃圾的后装式、车辆侧面装载垃圾的侧装式及车辆前方装载垃圾的前装式三类。前装和侧装压缩式垃圾车主要是欧美等国外使用，我国目前使用的主要是后装压缩式垃圾车。

后装压缩式垃圾车分为传统式和高位上料（又叫无泄漏式）两种类型，其中传统式后装压缩垃圾车通过双向压缩，其垃圾密实度高、经济性较好、环保性略差，主要适用于城镇居民区、社区、大型厂矿和机关院校的桶装、袋装和散装生活垃圾的收运。高位上料后装压缩式垃圾车无双向压缩，其垃圾密实度相对较低、无污水泄漏、环保性更高，但经济性略差，主要适用于城镇居民区、社区、大型厂矿和机关院校的桶装、袋装和散装等含水量大的垃圾收运，尤其适合湿垃圾的收运。

选用压缩式垃圾车时，除了上述因素外，还需考虑后装压缩式垃圾车（以下简称"压缩车"）的自身性能要求是否满足要求，主要包括工作循环时间、举升卸料角、专用机构作业可靠性以及是否能将垃圾卸干净等，《压缩式垃圾车》CJ/T 127—2016 规定：

（1）压缩车主要技术参数见表4-6。

压缩车主要技术参数　　　　　　　　　　　　　　　　　　　表4-6

序号	项目	性能要求	
1	压缩工作循环时间（s）	≤30	
2	推板卸料工作时间（s）	车厢有效容积<12m³	车厢有效容积≥12m³
		≤30	≤45
3	举升卸料工作循环时间（s）	≤50	
4	举升卸料角（°）	≥45	
5	提升工作循环时间（s）	垃圾箱（桶）容积<660L	垃圾箱（桶）容积≥660L
		≤20	≤40

（2）压缩车不应有漏油、漏水和漏气现象。

（3）专用机构作业可靠性要求见表4-7。

专用机构作业可靠性要求　　　　　　　　　　　　　　　　　表4-7

专用装置	试验次数	平均无故障工作次数	可靠度
压缩机构	12000	≥5000	≥80%
卸料机构	400	≥200	
卸料门机构	400	≥200	
提升机构	12000	≥5000	

（4）卸料机构能将车厢内垃圾卸净。

（5）提升机构能将垃圾箱、桶内垃圾倾倒干净，并在任意位置停止和启动。

4.5.3 厨余垃圾车

厨余垃圾车主要用于收运餐饮饭店的厨余垃圾。在选用厨余垃圾车时，主要需考虑工作循环时间（进料）、工作循环时间（倾翻排料）、卸料角（倾翻排料）、抽吸系统性能、作业噪声等。《餐厨垃圾车》QC/T 935—2013 规定：

（1）厨余垃圾车主要技术参数见表4-8。

厨余垃圾车主要技术参数　　　　　　　　　　　　　表4-8

序号	项目		性能要求
1	工作循环时间（进料）（s）		≤45
2	工作循环时间（倾翻排料）（s）		≤250
3	卸料角（倾翻排料）（°）		≥45
4	抽吸系统	吸污管直径（mm）	≥125
5		有效吸程（m）	≥4.5
6		最大真空度（绝对压力）（kPa）	≤20
7		最大压排压力（绝对压力）（kPa）	≤80
8		抽吸满罐（箱）工作时间（s）	≤360
9		作业噪声[dB(A)]	≤86

（2）厨余垃圾车应设置用于清洗罐（箱）体及车身的清洗装置。

（3）罐（箱）体内表面应具备防腐功能；具有良好的密封性能及强度；抽吸进料式厨余垃圾车罐（箱）体承载 80kPa（绝对压力）压缩空气时，不应漏气；真空度为 20kPa（绝对压力）时，罐（箱）体无变形。

（4）填装器或卸料门与垃圾箱之间应设置锁紧机构，两者的密封面处应设置密封装置；在行驶和装载作业过程中，填装器或卸料门不得自行开启。设置防止填装器或卸料门突然下落的安全装置。液压系统有良好的密封性能，不得渗漏。

4.5.4 车厢可卸式垃圾车

选用车厢可卸式垃圾车时，主要考虑拉臂上的拉钩性能、车辆卸料角、装厢作业和卸箱作业时间等。《车厢可卸式垃圾车》QC/T 936—2013 规定：

（1）车辆在运输过程中，拉臂上的拉钩应处于松弛状态，但不得与厢体上的拉钩自行分离，不允许出现自行举升和箱锁自动打开现象。

（2）车辆最大卸料角不小于 43°。

（3）在额定工况下，装厢作业、卸箱作业和卸料作业时间均不超过 60s。

（4）拉臂装置可参考现行行业标准《拉臂式自装卸装置》QC/T 848 的要求执行。

4.6 实践思考和建议

目前有关垃圾转运站专用垃圾箱的产品标准有现行行业标准《垃圾专用集装箱》CJ/T 496，但此标准仅适用于厢式货柜类垃圾箱，此类垃圾箱主要借助行吊将箱体吊装至车上，通过专用集装箱锁箱装置将箱体固定于车上。而大多数垃圾转运站专用垃圾箱是通过专用转运车辆自带的勾臂或绞盘式钢丝索引将垃圾箱直接拉上车，然后通过车上自带的锁箱机构将箱体固定。两者无论从作业模式，还是作业环境及相应的结构、性能要求上都相差较大，建议制定新的垃圾箱标准对其进行规范。另外，目前垃圾分类及智能化收运等热点缺乏行业标准指导。建议补充《勾臂或绞盘式钢丝索引垃圾箱》《生活垃圾分类标准》《垃圾智能化收运标准》。

随着垃圾分类的逐步实施，餐饮、厨余垃圾收运车将大量投放市场，不同厂商的产品参差不齐，跟不上前段分类的需求，不利于行业推广及标准化，需要制定专门的行业标准进行指导约束。

第5章 焚烧处理

生活垃圾焚烧是指在专用炉体内使垃圾完全燃烧，释放热量并达到无害化的过程。目前主流的垃圾焚烧处理技术有两种：一种是机械炉排炉焚烧技术、一种是循环流化床焚烧技术。

根据我国的相关技术政策——"垃圾焚烧目前宜采用以炉排炉为基础的成熟技术，审慎采用其他炉型的焚烧炉。禁止使用不能达到控制标准的焚烧炉"，机械炉排炉技术是生活垃圾焚烧处理的主流技术。垃圾焚烧工艺过程主要包括垃圾接收与储存、焚烧及热能利用、烟气处理、飞灰处理、炉渣资源利用、渗沥液处理等。

5.1 相关标准

GB/T 6719—2009 袋式除尘器技术要求

GB 18485—2014 生活垃圾焚烧污染控制标准

GB/T 18750—2008 生活垃圾焚烧炉及余热锅炉

GB/T 25032—2010 生活垃圾焚烧炉渣集料

GB/T 34552—2017 生活垃圾流化床焚烧锅炉

CJ/T 432—2013 生活垃圾焚烧厂垃圾抓斗起重机技术要求

CJ/T 531—2018 生活垃圾焚烧灰渣取样制样与检测

CJ/T 538—2019 生活垃圾焚烧飞灰稳定化处理设备技术要求

CJJ 90—2009 生活垃圾焚烧处理工程技术规范

CJJ 128—2017 生活垃圾焚烧厂运行维护与安全技术标准

CJJ/T 137—2019 生活垃圾焚烧厂评价标准

CJJ/T 212—2015 生活垃圾焚烧厂运行监管标准

HJ75—2017 固定污染源烟气（SO_2、NO_x、颗粒物）排放连续监测技术规范

HJ76—2017 固定污染源烟气（SO_2、NO_x、颗粒物）排放连续监测系统技术要求及检测方法

HJ562—2010 火电厂烟气脱硝工程技术规范 选择性催化还原法

HJ563—2010 火电厂烟气脱硝工程技术规范 选择性非催化还原法

HJ2012—2012 垃圾焚烧袋式除尘工程技术规范

生活垃圾焚烧烟气净化用粉状活性炭（在编）

生活垃圾焚烧飞灰固化稳定化处理技术标准（在编）

5.2 垃圾接收与储存

5.2.1 一般要求

垃圾接受和储存是垃圾焚烧工艺的重要一环，对于我国混合收集生活垃圾的全量焚

烧，需要在垃圾储存期间对垃圾进行匀化、沥水、堆酵等管理，以保证入炉焚烧的垃圾热值和成分保持均匀，使垃圾焚烧炉运行工况稳定。

《生活垃圾焚烧处理工程技术规范》CJJ 90—2009 对垃圾接收与储存环节提出下列一般性要求：

（1）应根据焚烧设备的特点和工艺要求为焚烧厂配置相应的垃圾接收、输送、储存和（或）预处理系统。

（2）北方寒冷地区城市冬季宜对进厂的垃圾采取融冰措施，防止带冰、雪垃圾进入焚烧炉。

（3）大件垃圾较多时，宜在厂内设置大件垃圾分拣、破碎设施。

以上要求需要通过制定相应的产品标准来实现，目前尚缺乏此类标准。可针对垃圾焚烧前的预处理工艺制定具体的技术要求。

5.2.2 技术（设计）要求

入厂垃圾称重计量设备主要是要求汽车衡的量程应满足入厂最大垃圾车的吨位，以及要求称重计量的精度满足要求。《生活垃圾焚烧处理工程技术规范》CJJ 90—2009 关于垃圾称重计量的要求有 3 条：

（1）焚烧厂应设置汽车衡对进厂垃圾量进行称量。设置汽车衡的数量应根据垃圾车的规格及车流密度等因素确定并符合下列要求：

1）特大类焚烧厂可设置 3 台或以上；

2）Ⅰ类、Ⅱ类焚烧厂宜设置 2～3 台；

3）Ⅲ类焚烧厂宜设置 1～2 台。

（2）垃圾称量系统应考虑垃圾和其他进出厂物料的称重，并应具有称重、记录、打印与数据处理、传输、储存功能，数据应能储存 3 年以上。

（3）汽车衡规格按垃圾车最大满载重量的 1.3～1.7 倍配置，称量精度不大于 20kg。有条件的焚烧厂可配置水泥、飞灰等大宗物料运输车称量设备。

上述 3 条主要用于垃圾焚烧厂入厂垃圾和物料称重设备的选择采购。

1. 抓斗起重机

《生活垃圾焚烧厂垃圾抓斗起重机技术要求》CJ/T 432—2013 对起重机上的垃圾计量设备也提出了要求。具体要求有 3 条：

（1）称重系统应能显示即时和投料累计重量。

（2）小车每一抓的称量综合误差应为额定起重量的 ±1%。

（3）小车位于投料口上方时，称重系统应能读取数值并记录。

垃圾抓斗起重机产品标准对垃圾计量的要求可以保证焚烧炉焚烧处理规模的准确统计，有利于焚烧炉运行负荷的控制。在抓斗起重机选择采购时，需要根据上述对抓斗起重机称重系统的要求，向供货商提出称重系统配备要求。

2. 垃圾接收

焚烧厂垃圾接收设施主要包括厂内垃圾车上料坡道、卸料大厅和垃圾池间。对于配有垃圾预处理系统的流化床焚烧厂，还有垃圾预处理车间、原生垃圾储存间（简称原生库）和成品垃圾储存间（简称成品库）。这些设施均易散发臭气，应对臭气实施有效收集和处理。

焚烧厂垃圾接收环节臭气控制的主要做法有设施密闭、车辆进出口设施空气幕或快速开闭门、设置排风除臭系统、设置地面冲洗设施、地面及时冲洗等。《生活垃圾焚烧处理工程技术规范》CJJ 90—2009 对设施密闭、车辆进出口设施空气幕或快速开闭门、设置排风除臭系统、设置地面冲洗设施等方面均有具体要求。《生活垃圾焚烧厂运行维护与安全技术标准》CJJ 128—2017 对上料坡道和卸料大厅地面及时冲洗有具体要求。

对于焚烧厂垃圾接收环节涉及的空气幕、快速开闭门、排风除臭系统等目前尚无相关分项工程标准和产品标准，可引用其他行业的产品标准，同时需考虑如下因素：

（1）空气幕

1）垃圾车上料坡道封闭时，坡道入口需设置空气幕；卸料大厅出入口可设置空气幕或快速开闭门；根据需要，卸料门也可设置空气幕。

2）空气幕宽度应大于门的宽度。

3）空气幕的气流速度应满足阻止内部臭气外逸的要求。

（2）快速开闭门

1）卸料大厅出入口可设置快速开闭门。

2）快速开闭门应为自动感应式，其感应灵敏度应方便车辆快速进出卸料大厅。

3）门关闭应严密，有效防止内部臭气外逸。

（3）垃圾池间排风风机

1）风量应满足控制垃圾池间臭气外逸的要求。

2）风压应满足克服最不利排风管路压力损失的要求。

3）应耐腐蚀。

4）转速应可调节。

（4）集中除臭设备

1）应适应高湿度臭气的除臭。

2）臭气处理能力应满足最大排风量下臭气处理的需要。

3）应根据臭气排放标准要求选择一级或多级组合除臭工艺。

3. 渗沥液收集与处理

焚烧厂渗沥液收集设施主要包括垃圾池底部的排水篦、渗沥液导排沟道及沟道间、渗沥液集液池、渗沥液抽排泵。由于渗沥液导排沟和集液池均在焚烧车间地下室，封闭性较好，渗沥液及其有机颗粒沉淀物厌氧产生的甲烷易于在此聚集，产生爆炸隐患。因此对于焚烧厂渗沥液收集系统的基本要求是及时有效导排和防爆。

现行行业标准《生活垃圾焚烧处理工程技术规范》CJJ 90 及《生活垃圾焚烧厂运行维护与安全技术标准》CJJ 128 中均有关于渗沥液收集管理和防爆方面的规定。

有关渗沥液处理的标准应用参见本指南第 10 章。

5.3 垃圾焚烧及热能利用

5.3.1 一般要求

《生活垃圾焚烧处理工程技术规范》CJJ 90—2009 提出垃圾焚烧系统应包括垃圾进料

系统、点火装置、焚烧系统、炉排驱动装置、出渣装置、燃烧空气供应系统、辅助燃烧装置及其他辅助装置。

涉及的设备和产品包括进料设备、点火燃烧器、焚烧炉、炉排液压驱动设备、出渣机、炉渣输送设备、风机、助燃燃烧器、测温热电偶、炉膛压力计、耐火材料（耐火砖）、保温材料等，其设备和产品均有相应的产品标准。焚烧系统设计时需要参考相应产品标准选择合适的设备和产品，以满足工程技术规范的要求。

《生活垃圾焚烧处理工程技术规范》CJJ 90—2009 提出焚烧垃圾产生的热能应加以有效利用。垃圾焚烧热能的利用，通常是在焚烧炉后面配置蒸汽锅炉，产生的蒸汽带动汽轮机发电或用于供热。蒸汽锅炉系统的设计、制造遵守有关蒸汽锅炉的标准，同时应加强受热面的防腐处理，以适应垃圾焚烧烟气中酸性气体较多的特性，减少锅炉受热面的腐蚀。

《生活垃圾焚烧炉及余热锅炉》GB/T 18750—2008 提出锅炉受热面设计应避免高温腐蚀、低温腐蚀、灰垢腐蚀和垢底腐蚀；应防止灰粒粘结、冲蚀及磨损，配置清渣除灰装置。焚烧锅炉选型时，根据垃圾焚烧锅炉的特性要求，应向锅炉制造商明确受热面耐腐蚀、耐磨损要求，强调既要耐高温腐蚀，又要耐低温腐蚀。

《生活垃圾焚烧炉及余热锅炉》GB/T 18750—2008 提出垃圾焚烧锅炉允许实际蒸发量在额定蒸发量的70%～110%波动。垃圾焚烧锅炉选型时需要重点关注锅炉的低负荷和高负荷运行能力，以适应生活垃圾特性变化造成的焚烧热负荷的变化。

5.3.2 技术（设计）要求

1. 机械炉排焚烧炉

（1）机械炉排焚烧炉的基本要求

为了达到垃圾完全燃烧的目的，机械炉排焚烧炉需要满足以下要求：

1）垃圾在炉排上的分布应均匀，厚度适中，实际炉排机械负荷不应过多偏离设计负荷，尽量避免在过低或过高负荷下运行。

2）炉排移动速度应可调节，运行过程中应根据入炉垃圾含水率、热值和成分特点以及炉渣热灼减率情况调节适宜的干燥段、燃烧段和燃烬段。

3）各段炉排下的一次风风量应可调节，运行过程中应根据需要调节各段的一次风风量。

4）应设置炉膛主控温度区，在炉膛主控温度区炉壁内侧附近应合理布置温度监测热电偶。

5）炉膛主控温度区应设置卫燃带，防止该区锅炉水冷壁吸热过多不利于温度的维持。

6）炉膛主控温度区下部应设置二次风喷射口，二次风喷射口的布置以及喷射速度应能满足使炉膛主控温度区内烟气形成湍流的要求。

7）炉膛主控温度区应设置助燃燃烧器，助燃燃烧器的数量和功率应能满足焚烧炉烘炉时将炉膛主控温度区加热至850℃的要求，且助燃燃烧器应具有较宽的负荷调节范围。

8）焚烧炉应配备自动燃烧控制系统，确保垃圾焚烧工况稳定。

9）焚烧炉运行过程中应根据入炉垃圾特性调节好焚烧炉各技术参数，确保垃圾焚烧工况稳定达标。参数调节优先选择自动，自动无法满足要求时可选择手动。

（2）焚烧炉及余热锅炉产品设计制造要求

《生活垃圾焚烧炉及余热锅炉》GB/T 18750—2008 对垃圾焚烧炉设计和制造的关键技术提出了要求。主要要求如下：

1）对入炉生活垃圾的要求

① 水分含量不宜大于 50%，灰分含量不宜大于 25%，低位发热量不宜小于 4.18MJ/kg。

对于原生生活垃圾不满足上述要求的城市，可以通过加大垃圾储存池的容量，延长垃圾入炉前的堆存时间来降低入炉垃圾含水率，提高垃圾低位热值。可以通过垃圾抓斗对垃圾倒垛，使垃圾中的灰土下沉至垃圾池底部，抓斗在垃圾池上部抓取入炉垃圾，以减小入炉垃圾灰分。沉入垃圾池底部的灰土可定期清理出去或抓取与热值较高垃圾混合后送入炉内焚烧。

② 生活垃圾焚烧炉给料系统宜附设生活垃圾渗沥液汇集、外引装置，该装置应有利于生活垃圾渗沥液的后续处理。

垃圾储存池底部侧墙宜预留渗沥液导排口，导排口与渗沥液排放沟道相连，将渗沥液收集输送到集液池，然后抽排至渗沥液处理设施。

③ 低位发热量设计上限不小于 6.38MJ/kg 时，生活垃圾进料槽宜设置冷却装置。

垃圾热值高时，垃圾较松散，炉内热烟气易串至进料槽内，使进料槽温度过于升高，通常是采用料槽水冷夹层来对垃圾进行降温，防止垃圾在料槽内燃烧。

2）焚烧炉工艺要求

① 入炉生活垃圾焚烧过程中进料、布料、混合、移动、配风、排渣等应可靠、稳定。炉排炉设计上一般采用以下做法：

a）焚烧过程中，炉排炉进料口下的下料管需始终充满垃圾，下料管下部设计有推料器，垃圾依靠推料器推至炉排上。

b）垃圾在炉排上需分布均匀，厚度适宜。

c）在炉排的往复运动中，垃圾从前往后移动，经过干燥段、燃烧段和燃烬段三段炉排，最后燃烬的炉渣落入排渣口。

d）在炉排下布设一次风供风风箱和风管，由一次风风机对炉排各段分别供风，各段风量可调。

e）要做到垃圾在炉排上可靠、稳定地燃烧，焚烧炉的设计制造需要考虑能够对推料器推料速度、炉排移动速度、各段炉排下的供风量进行自动调节和手动调节。

② 焚烧助燃空气应由生活垃圾贮坑上方抽取，助燃空气预热温度的确定应满足使用要求。

工程设计一般将一次风吸风口设在垃圾池间的上方，用来防止垃圾池间的臭气外逸。设计一般配有一次风预热器，设计一次风预热后最高温度在 200℃ 左右，且温度可调，运行过程中可以根据垃圾含水率大小调节一次风温度。一次风预热器一般选择蒸汽预热器，选用时主要参考供热行业的预热器产品标准。

③ 焚烧炉一次风和二次风的配置与调节应满足生活垃圾焚烧的要求。

工程设计上一般要根据焚烧炉额定工况下的实际空气需要量选择一次风和二次风风机，并留有合理、足够的余量，确保焚烧炉在高负荷运行时燃烧空气供应量足够。一次风、二次风的比例根据燃烧方式不同选择不同的合理比例；二次风的供入点、喷入方向、喷射速度等要能够使焚烧烟气在炉膛主控温度区（二燃室）形成扰动和湍流。

④ 焚烧炉及余热锅炉正常运行时,其内部应存在同时满足以下条件的气相空间高温燃烧区域:

a) 烟气温度不应低于 850℃。

b) 烟气含氧量不应低于 6％ (湿基)。

c) 有足够的湍流强度,确保均匀混合。

d) 生活垃圾焚烧处理产生的烟气在该区域的停留时间不低于 2s。

在焚烧炉设计制造时,应根据焚烧炉额定工况下的实际烟气量确定使烟气停留时间 2s 所需的炉膛主控温度区(即本条提到的"气相空间高温燃烧区域")的容积,进而确定炉膛尺寸;在焚烧余热锅炉烟气出口设置氧浓度监测探头,满足实时监测烟气中的氧含量;布置合理的二次风喷射口,使二次风具有对高温烟气的混合作用。

e) 满足本条第 d 款要求的气相高温燃烧区域应采用高温燃烧炉膛、二次高温燃烧室或其他方式。

本条来源于《生活垃圾焚烧炉及余热锅炉》GB/T 18750—2008,是对焚烧炉气相高温燃烧区域的要求。焚烧炉气相高温燃烧区域设计制造的一般做法:在最上面二次风喷射口以上设置一定大小的二次燃烧室,即炉膛主控温度区(即本条所说的二次高温燃烧炉膛)。该炉膛主控温度区要满足额定工况下烟气停留时间大于 2s 的规定,为了保持炉膛主控温度区内的高温,炉膛主控温度区内需要设置卫燃带(锅炉水冷壁管束外用耐火浇筑料覆盖)。炉膛主控温度区中部安装助燃燃烧器,保证最不利工况下保持炉膛主控温度区的温度要求。

f) 烟道布置应有利于生活垃圾焚烧飞灰的重力分离,烟道结构应避免结渣。

为满足本款的要求,余热锅炉的烟气对流换热通道需要设计为具有一定断面积的空腔,使烟气流速满足大颗粒粉尘沉降的要求,从而减小后部经过过热器烟气的颗粒物含量,减小结渣的风险。

g) 生活垃圾焚烧炉及余热锅炉的热效率不应低于 75％。

为了达到较高的锅炉热效率,设备设计和制造需考虑以下几点:

a) 布置合理的锅炉受热面,尽可能多地将垃圾焚烧放出的热量进行吸收。

b) 另外对锅炉炉体实施密封,并进行隔热保温,使热量从炉体表面的损失降到最低。

c) 设计选择合理的垃圾固相燃烧工艺和设备,以及挥发性气体燃烧工艺和设备,尽可能地减少不完全燃烧。

2. 流化型炉

(1) 流化床焚烧炉的基本要求

为达到垃圾完全燃烧的目的,流化床焚烧炉需要做到以下基本要求:

1) 应配备预处理系统对入厂垃圾进行预处理,预处理工艺的选择应满足流化床焚烧炉对入炉垃圾特性的要求。在垃圾预处理系统运行过程中,应对设备进行良好的维护,确保垃圾预处理效果满足入炉要求。

2) 焚烧炉进料系统应确保垃圾进料均匀,并与焚烧炉处理能力相匹配。

3) 焚烧炉一次风风压应满足所有入炉垃圾悬浮燃烧的要求,一次风、二次风风量分配比例应满足垃圾完全燃烧的要求。

4) 关于炉膛主控温度区、温度监测点、卫燃带、助燃燃烧器、自动燃烧控制系统等的要求与炉排炉相同。

（2）流化床焚烧锅炉设计要求

《生活垃圾流化床焚烧锅炉》GB/T 34552—2017 对流化床焚烧锅炉设计的关键技术提出要求。主要要求如下：

1）对入炉垃圾的要求：废物入炉前宜采用破碎、分选、脱水或干燥等方法进行预处理，并满足下列要求：

① 入炉垃圾颗粒度宜小于 150mm，不可燃硬物质量不宜超过垃圾处理量的 15%，其粒度宜小于 100mm。

② 低位发热量不宜小于 4186kJ/kg。

③ 水分含量不宜大于 50%。

流化床焚烧厂设计上需要配置垃圾预处理系统，按照此条要求，垃圾预处理需要配置破碎机、生物干化、筛分等设备，以满足上述入炉垃圾要求。

2）焚烧锅炉性能要求

① 焚烧锅炉设计热效率不应小于 78%（入炉混合燃料低位发热量大于等于 6000kJ/kg）。

焚烧锅炉热效率是焚烧锅炉设计制造最基本的要求，它反映焚烧锅炉回收垃圾焚烧热能的效果。要达到较高的锅炉热效率，在锅炉受热面布置上既要考虑有足够的受热面面积又要考虑锅炉管束间距不要过小（流化床炉飞灰量大，管束间距过小易造成积灰堵塞）。另外锅炉热效率还与垃圾燃烧的完全程度、锅炉本体的保温效果等有关，因此要使焚烧锅炉热效率满足要求，就要在垃圾流化床燃烧工艺和锅炉构造设计上下功夫，并做好锅炉内表面的耐火材料的浇筑和外表面的保温。

② 焚烧锅炉炉渣热灼减率不应大于 3%。

炉渣热灼减率是反映垃圾固相燃烧充分程度的参数，对于流化床焚烧炉来说，要做到炉渣热灼减率小于 3%，需要配置垃圾破碎、分选、减湿等预处理工艺，并设置垃圾均匀进料系统，这样既能减小炉渣热灼减率，也能减小飞灰的热灼减率。

③ 在正常运行条件下，焚烧锅炉年可运行时间不应小于 8000h。

焚烧炉年运行时间是反映焚烧炉运行可靠性的指标，要满足本款对年运行时间的要求，需要在整个焚烧线系统和设备配置方面提高水平，需配置完善的垃圾预处理系统、均匀给料系统、合理的焚烧炉炉膛浓相区设计、合理的一次风布风板设计、合理的一次风和二次风供给系统、合理的焚烧炉炉膛稀相区（悬浮段）设计、坚固的炉内耐火材料浇筑、高效的旋风分离器及固体颗粒物回流装置、合理的助燃燃烧系统配置等。

④ 在正常运行时，二次风喷口以上悬浮段确保烟气温度大于等于 850℃。

焚烧炉二次风喷口以上悬浮段（即炉膛主控温度区）确保烟气温度大于等于 850℃的要求主要是为了保证垃圾挥发性气体在流化床炉悬浮段能够达到充分燃烧，减少二噁英等不完全燃烧产物的形成。为了满足此要求，焚烧炉悬浮段设计需要选择合理的容积热负荷，炉墙设置锅炉水冷壁时，水冷壁内侧应浇筑耐火材料，防止水冷壁吸热过多而降低悬浮段温度。另外悬浮段还要设置多个温度监测点，实时监测悬浮段的温度，并在悬浮段设置助燃燃烧器，助燃燃烧器可以在监测温度低于 850℃时自动启动，以确保悬浮段温度始终控制在 850℃以上。

⑤ 焚烧锅炉炉膛出口压力宜为 -100～-300Pa（表压）。

保持焚烧炉炉膛始终处于负压状态是为了防止炉内烟气窜出污染环境。本款要求焚烧锅炉出口压力保持在$-100\sim-300$Pa，是使整个炉膛保持负压所必需的。在焚烧锅炉设计时为了满足此要求，需要对炉体进行良好的密封，另外选择功率足够大的引风机，并且做到风机流量和风压可调，以保证任何工况下都能维持炉膛负压。

⑥ 炉膛出口烟气含氧量应控制在$6\%\sim10\%$（体积百分数）。

要满足本款要求，需要在锅炉出口的烟道上设置氧含量监测探头，实时监测锅炉出口氧含量，并且利用氧含量监测数据自动控制焚烧锅炉二次风量。在氧含量低于6%时，即增加二次风量。氧含量高于10%时，即减小二次风量，以稳定锅炉出口氧含量。

⑦ 炉墙及烟风道应有良好的密封和保温性能。当周围环境温度为25℃时，距门（孔）300mm以外的炉体外表面温度不得超过50℃，炉顶表面温度不得超过70℃。各种热力设备、热力管道以及阀门表面温度不应大于50℃。

本款要求的目的是减少锅炉的热损失，同时也保证操作人员免于烫伤。要满足此要求就要选择保温效果好的锅炉炉体保温材料，另外在锅炉施工中，需要对所有锅炉表面、热力设备和管道都做到良好的保温，不出现表面裸露现象。

3）流化床焚烧锅炉设计要求

① 二次风应分层布置，并能保证物料充分混合燃烧，二次风率宜控制在$0.3\sim0.6$之间。

② 二次风喷口以上悬浮段的高度应能满足其烟气停留时间不小于2s的要求。

③ 布风板宜采用水冷结构、中心排渣方式，排渣口当量直径不应小于300mm；布风板风帽形式和开孔应能适应垃圾流化和防止床层结焦的要求，排渣口四周风帽宜采用定向结构，风帽应选用耐热和耐磨损材料。

④ 垃圾给料口宜避开炉膛下部正压区，并能保证垃圾入炉顺畅。

⑤ 焚烧锅炉宜采用高温上排气旋风分离器作为高温循环物料的气固分离装置。

⑥ 焚烧锅炉应布置充足的过热器受热面，采用多级布置及喷水减温方式。过热器金属壁温大于500℃时应有可靠的防腐蚀措施。

⑦ 焚烧锅炉省煤器应有防变形、防磨损措施；如采用沸腾式省煤器，设计沸腾率不应大于15%。

上述要求是流化床焚烧锅炉设计需要遵守的关键技术要求。其中在第②款的执行中需要满足在最不利工况下烟气在悬浮段的停留时间不小于2s。在悬浮段高度确定时，要根据预测的最大烟气量计算悬浮段烟气停留时间不小于2s所需的高度。注意在计算时要将标准状态的烟气量换算成850℃（或稍高）时的烟气量。

4）流化床焚烧锅炉关键辅助设备要求

① 点火装置宜选择床下点火方式，且具备自动点火、熄火保护等功能，并留有远程控制通信接口。

此要求是对流化床焚烧锅炉点火燃烧器配置的要求。在执行时除需满足所提要求外，还需要确定合理的燃烧器功率。另外根据流化床锅炉产品标准对焚烧锅炉悬浮段温度控制的要求，还需要在悬浮段设置助燃燃烧器，燃烧器需要自动控制，用于当悬浮段温度达不到850℃时自动启动助燃燃烧器对悬浮段进行助燃。助燃燃烧器的功率要足以在焚烧炉点火时先将悬浮段温度加热至850℃。根据经验，助燃燃烧器总功率需要达到焚烧炉额定热负荷的 60％。

②一次风机、二次风机和引风机的风量、风压应能满足垃圾组分、热值发生变化时锅炉正常运行需要，且具有足够的调节范围和调节灵活性。

执行本款要求需要测算在设计垃圾热值情况下垃圾焚烧所需的实际空气量，然后再根据一次风、二次风的比例确定所需一次风、二次风量，根据测算风量选择风机时还要考虑 $10％ \sim 15％$ 的富裕系数。风机风压的确定需要根据一次风、二次风的管路布置，通过管路系统水利计算来确定，选择风机也需要考虑 $10％ \sim 15％$ 的富裕系数。

5.4　烟气净化

5.4.1　一般要求

烟气处理系统包括 SNCR 或 SCR 脱 NO_x、半干法脱酸、湿法脱酸、干法辅助脱酸、二噁英及重金属脱除、颗粒物脱除等。《生活垃圾焚烧处理工程技术规范》CJJ 90—2009 对垃圾焚烧烟气净化提出以下几条一般性要求：

（1）应根据焚烧厂设计烟气污染物排放限值和各烟气污染物原始浓度确定烟气净化工艺流程配置；工艺流程应具备酸性气体脱除、氮氧化物脱除、重金属和二噁英脱除、颗粒物去除等功能，工艺流程应适应烟气污染物浓度的变化，组合工艺间应相互匹配。

（2）每台垃圾焚烧炉后应配置一套独立的烟气净化系统。

（3）烟气净化用中和剂、吸收剂和吸附剂等供应系统的设备和管路配置应具有备用性，保证垃圾焚烧期间烟气净化系统的持续正常运行。

（4）烟气净化设备应有耐腐蚀、耐磨损性能。

工程设计和设备采购时，需应用这些要求对每台垃圾焚烧炉设置一套烟气净化组合工艺及配套系统。在烟气净化设备选择和采购时，应用这些要求对设备供应商提出设备耐腐蚀、耐磨损等性能要求。

生活垃圾焚烧厂烟气处理系统的运行应满足现行行业标准《生活垃圾焚烧厂运行维护与安全技术标准》CJJ 128 的相应要求。

5.4.2　技术（设计）要求

1. SNCR 脱 NO_x

SNCR 脱 NO_x 的基本要求就是如何在最小的氨逃逸下实现最高的脱 NO_x 效率，为此需要对 SNCR 脱 NO_x 系统进行合理的设计、施工和运行管理。现行行业标准《生活垃圾焚烧处理工程技术规范》CJJ 90 和《生活垃圾焚烧厂运行维护与安全技术标准》CJJ 128 对垃圾焚烧厂 SNCR 脱 NO_x 系统的设计和运行提出了一些较为宏观的要求。《火电厂烟气脱硝工程技术规范　选择性非催化还原法》HJ563—2010 对发电厂 SNCR 脱 NO_x 系统的设计、施工和运行管理均有相应的技术要求，在垃圾焚烧厂 SNCR 脱 NO_x 系统的设计、施工和运行管理方面可参考该标准。该标准主要技术条款如下：

（1）脱硝系统氨逃逸浓度应控制在 $8mg/m^3$ 以下。

垃圾焚烧厂设计和设备选择，为了满足工程规范的氨逃逸要求，需要制定产品标准对一些技术细节提出要求，如 SNCR 的还原剂需要采用多层、多点喷射，并需要根据 NO_x 的排放浓度自动控制还原剂喷射量等。

（2）脱硝系统对锅炉效率的影响应小于 0.5%。

为满足本款要求，需要控制还原剂溶液的喷射量不能过多，过多势必影响锅炉效率，但还原剂喷射量又不能太少，太少不能保证 NO_x 的排放达标，因此在还原剂喷射系统设计方面也需要采用多层、多点喷射，并自动控制还原剂喷射量。

（3）每台锅炉宜配置一套尿素溶液（还原剂）计量分配系统。

计量分配系统是保证还原剂合理分配至各喷射层和各喷射点所需要的。按照本款要求，垃圾焚烧厂需要每条焚烧线配置一套还原剂计量分配系统。

（4）多喷嘴喷射器应有足够的冷却保护措施以使其能承受反应温度窗口区域的最高温度，而不产生任何损坏。

本款在 SNCR 系统设计中的应用——可采用循环冷却水对还原剂喷嘴进行冷却，避免喷嘴被高温损毁。

（5）多喷嘴喷射器应有伸缩机构，当喷射器不使用、冷却水流量不足、冷却水温度高或雾化空气流量不足时，可自动将其从锅炉中抽出以保护喷射器不受损坏。

本款在 SNCR 系统设计中的应用——可设计采用喷嘴自动伸缩装置。

（6）每台锅炉应设置一套炉膛温度监测仪。

结合垃圾焚烧的特点，根据垃圾焚烧炉"3T"的要求，焚烧炉炉膛可设置多断面、多点的温度监测点，以满足 SNCR 系统选择高温区喷射还原剂的需要。

2. 湿法脱酸

湿法脱酸的基本要求与半干法相同，《生活垃圾焚烧处理工程技术规范》CJJ 90—2009 对湿法脱酸提出了较为宏观的技术要求：

（1）湿法脱酸设备应与除尘设备相互匹配，保证除尘效果满足要求。

（2）湿法脱酸设备的设计应使烟气与碱液有足够的接触面积和接触时间。

（3）湿法脱酸设备应具有防腐蚀和防磨损性能。

（4）应具有有效避免处理后烟气在后续管路和设备中结露的措施。

（5）应配备可靠的废水处理处置设施。

3. 半干法脱酸

半干法脱酸要求酸性气体排放浓度达到环境影响评价报告批复的排放限值，为此需要对半干法脱酸系统进行合理的设计、施工和运行管理。《生活垃圾焚烧处理工程技术规范》CJJ 90—2009 规定：

（1）逆流式和顺流式反应器内的烟气停留时间分别不宜少于 10s 和 20s。

（2）反应器出口的烟气温度应保证在后续管路和设备中的烟气不结露。

（3）雾化器的雾化细度应保证反应器内中和剂的水分完全蒸发。

（4）应配备可靠的中和剂浆液制备和供给系统。制浆用的粉料粒度和纯度应符合设计要求。浆液的浓度应根据烟气中酸性气体浓度和反应效率确定。

为了达到标准要求的脱酸效果，半干法脱酸系统工艺和产品设计应注意以下几方面的技术问题：

（1）半干式脱酸塔的直径应根据旋转雾化器的最大喷射半径确定，以使中和剂雾滴不被喷射到塔内壁为目的。

（2）半干式脱酸塔的高度应使烟气在塔内的停留时间足够长，烟气在塔内的停留时间应满足以下要求：

1）使 HCl 和 SO₂ 的脱除效率均满足排放限值要求。

2）使喷出的中和剂溶液（悬浊液）和降温水完全蒸发，塔底不产生水雾（滴）。

3）烟气应在反应塔内均匀分布。

4）中和剂溶液（悬浊液）的喷射量应可根据酸性气体排放浓度自动控制。

5）降温水的喷射量应可根据反应塔出口烟气温度自动控制。

6）中和剂溶液（悬浊液）制备系统应可对中和剂浓度进行调节。

7）中和剂溶液（悬浊液）输送系统应考虑防堵塞措施。

8）中和剂溶液（悬浊液）旋转雾化器应设置备用。

4. 干法辅助脱酸

石灰粉干法脱酸效率受烟气温度的影响较大，因此对于石灰粉干法脱酸，要求先将烟气温度降至150℃左右，再往烟道内喷石灰粉。由于石灰粉干法脱酸效率较低，目前干法脱酸不单独使用，只是作为一种辅助脱酸工艺，一是用于焚烧线启动时向布袋除尘器布袋表面预喷涂石灰粉，二是用于半干法脱酸塔雾化器更换时的辅助脱酸。

《生活垃圾焚烧处理工程技术规范》CJJ 90—2009 对干法脱酸提出了较为宏观的技术要求：

（1）中和剂喷入口的上游，应设置烟气降温设施。

（2）中和剂宜采用氢氧化钙，其品质和用量应满足系统安全稳定运行的要求。

（3）应有准确的给料计量装置。

（4）中和剂的喷嘴设计和喷入口位置确定，应保证中和剂与烟气的充分混合。

5. 二噁英和重金属脱除

目前对二噁英和重金属脱除使用的主要方法是向布袋除尘器前的烟道内喷射活性炭粉，利用活性炭粉的较强吸附能力，把烟气中的气态二噁英和重金属吸附在活性炭颗粒上，进而被布袋除尘器除下，以减小二噁英和重金属的排放浓度和排放量。对二噁英和重金属脱除系统的基本要求就是在活性炭粉品质满足要求的情况下，控制活性炭粉喷射量，使二噁英和重金属排放达标。在活性炭粉喷射系统设计和建设上要求有活性炭计量、控制功能，活性炭粉喷射应均匀，活性炭在烟道里应与烟气均匀混合。现行行业标准《生活垃圾焚烧处理工程技术规范》CJJ 90 和《生活垃圾焚烧厂运行维护与安全技术标准》CJJ 128 对活性炭喷射系统分别提出了设计建设要求和运行管理要求。目前正在编制行业产品标准《生活垃圾焚烧烟气净化用粉状活性炭》，对焚烧厂用活性炭产品进行明确要求。

6. 颗粒物脱除

目前颗粒物脱除主要使用布袋除尘器。现行行业标准《生活垃圾焚烧处理工程技术规范》CJJ 90 和《生活垃圾焚烧厂运行维护与安全技术标准》CJJ 128 对布袋除尘器的设计选择和运行操作均有要求。现行国家标准《袋式除尘器技术要求》GB/T 6719 对除尘器类型划分、滤料性能、检测方法等提出了要求，是布袋除尘器设计制造的重要参考依据。现行行业标准《垃圾焚烧袋式除尘工程技术规范》HJ2012 对垃圾焚烧厂用布袋除尘器的选择、工艺与工程设计、结构设计、材料要求、检测与控制、施工验收、运行维护等提出了技术要求。

7. SCR 脱 NO$_x$

SCR 脱 NO$_x$ 系统的基本要求就是氨逃逸和 NO$_x$ 排放均达到标准要求。为此需要对 SCR 脱 NO$_x$ 系统的设计、制造、施工和运行管理提出技术要求。目前涉及 SCR 脱 NO$_x$ 系统要求的现行行业标准有《生活垃圾焚烧处理工程技术规范》CJJ 90 和《火电厂烟气脱硝工程技术规范　选择性催化还原法》HJ 562，后者是针对火电厂的生态环境部行业标准。现行行业标准《生活垃圾焚烧处理工程技术规范》CJJ 90 对 SCR 脱 NO$_x$ 系统提出的要求比较宏观，需要有配套的分项工程标准或产品标准来实现其要求。现行行业标准《生活垃圾焚烧厂运行维护与安全技术标准》CJJ 128 未对 SCR 脱 NO$_x$ 系统的运行操作提出要求。

现行行业标准《火电厂烟气脱硝工程技术规范　选择性催化还原法》HJ562 是针对火电厂的，其中的部分技术条款也适用于垃圾焚烧厂的 SCR 系统。《火电厂烟气脱硝工程技术规范　选择性催化还原法》HJ562—2010 中的重要技术条款如下：

（1）工艺设计方面

1）脱硝系统应与锅炉负荷变化相匹配。

2）脱硝系统不得设置反应器旁路。

3）在催化剂最大装入量情况下的设计脱硝效率不得低于 80%。

4）氨逃逸浓度宜小于 2.5mg/m^3。

5）脱硝系统应能在锅炉最低稳燃负荷和 BMCR 之间的任何工况之间持续安全运行，当锅炉最低稳燃负荷工况下烟气温度不能达到催化剂最低运行温度时，应从省煤器上游引部分高温烟气直接进入反应器以提高烟气温度。

6）脱硝系统的烟气压降宜小于 1400Pa，系统漏风率宜小于 0.4%。

在工艺设计方面的技术要求基本适用于垃圾焚烧厂 SCR 的工艺设计。其中第 1）项和第 5）项的要求对于垃圾焚烧厂 SCR 设计即需要做到在任意焚烧炉负荷下，SCR 均能够正常运行并满足 NO$_x$ 达标排放。对于保证催化剂最低温度的要求，垃圾焚烧厂一般是设置独立的烟气加热器，加热热源较多采用从汽轮机抽取的蒸汽，也可以采用从锅炉内抽取的热烟气。

（2）反应器系统设计方面

1）反应器内催化剂迎面平均烟气流速的设计应满足催化剂的性能要求，一般取 4～6m/s。

2）反应器平面尺寸应根据烟气流速确定，并根据催化剂模块大小及布置方式进行调整。反应器有效高度应根据模块高度、模块层数、层间净高、吹灰装置、烟气整流格栅、催化剂备用层高度等情况综合考虑决定。

3）反应器入口段应设导流板，出口应设收缩段，其倾斜角度应能避免该处积灰。

4）在反应器侧壁对应催化剂部位应设置催化剂装载门和人孔。

5）反应器内催化剂的支架应可兼作催化剂安装时的滑行导轨，并与安装或更换催化剂模块的专用工具相匹配。

6）反应器本体可采用整体悬挂方式或支撑方式。如采用支撑方式，则应充分考虑反应器本体内部结构的温差应力、支架热胀引起的对承重钢架的水平推力等影响。

7）反应器区应设检修起吊装置，起吊高度应满足炉后地坪至反应器最上层催化剂进口的起吊要求，起吊重量按催化剂模块重量确定。

（3）催化剂

1）反应器内承装的催化剂可选择蜂窝式、板式、波纹式或其他形式。催化剂形式、催化剂中各活性成分含量以及催化剂用量一般应根据具体烟气工况、灰质特性和脱硝效率确定。

2）催化剂应制成模块，各层模块应规格统一、具有互换性，且应采用钢结构框架，并便于运输、安装和起吊。

3）催化剂模块应设计有效防止烟气短路的密封，密封的寿命不低于催化剂的寿命。

4）每一层催化剂均应设置可拆卸的催化剂测试元件。

8. 飞灰储存、输送与处理

现行行业标准《生活垃圾焚烧处理工程技术规范》CJJ 90 对飞灰收集、输送与处理系统提出了要求，主要是飞灰储存容器容量、飞灰输送密闭性、飞灰储存输送过程的防结块等方面的要求。

《生活垃圾焚烧飞灰稳定化处理设备技术要求》CJ/T 538—2019 对飞灰存储、输送、计量、控制、处理专用设备提出了要求，以使飞灰处理各项设备满足工程标准的要求。该标准主要要求如下：

（1）飞灰存储仓（罐）具有仓（罐）伴热、保温，防止物料板结架桥的措施。

（2）飞灰、药剂、水泥等物料存储仓（罐）容量均应满足 3d 以上时间的储量。

（3）飞灰输送宜采用机械输送或气力输送方式。

（4）物料计量应具有自动化控制、瞬时计量和累计数据功能。

（5）飞灰、水泥计量误差应小于 1%，螯合剂计量误差应小于 0.5%。

（6）稳定化处理设备应具备自动化控制功能和手动控制功能。

（7）混炼机应采用有效的密封措施，混合搅拌过程中不应有溢料和漏料。

（8）混炼机搅拌轴转速宜为 30～60r/min。

（9）间歇式混炼机应设置粉尘排放口。

（10）连续式混炼机应具有水量可调的给水系统，并宜采用多个喷淋供液方式。

（11）混炼机内部应具有充分搅拌混合的功能。

（12）混炼机应能具备负载启动功能。满负荷运行时，停机 20s 内应重新启动运转。

（13）混炼机卸料残留量不应大于进料量的 1.5%。

（14）间歇式混炼机应在 90s 内将一个批次的飞灰、水泥、螯合剂混合搅拌均匀。

（15）混炼机液固混合均匀度应大于 95%，固固混合均匀度应大于 90%。

上述要求是飞灰储存、输送和处理系统主要功能性要求，在设备选择和系统设计时需要重点关注这些功能是否具备。

5.5 实践思考和建议

目前生活垃圾焚烧方面的产品标准还很缺乏，只靠工程标准对某些垃圾焚烧厂系统和设备提出技术要求是不够细的。特别是垃圾焚烧备受公众关注、环保要求越来越高的当下，对一些关键系统和设备提出详细、具体的技术要求是非常必要的。

（1）目前在焚烧厂垃圾简易预处理和精细化预处理方面尚无相关分项工程标准和产品

标准，建议在此方面编制相应的分项工程标准或产品标准。

（2）现行行业标准《生活垃圾焚烧处理工程技术规范》CJJ 90 和《生活垃圾焚烧厂运行维护与安全技术标准》CJJ 128 对垃圾焚烧厂 SNCR 脱 NO$_x$ 系统的设计和运行提出了一些较为宏观的要求，对 SNCR 脱 NO$_x$ 系统的精细化设计和运行管理的具体要求描述的还不够。现行行业标准《火电厂烟气脱硝工程技术规范　选择性非催化还原法》HJ 563 虽然对垃圾焚烧厂具有适用的部分，但还有一些条款不适用于垃圾焚烧厂，也有些关键技术问题没有涉及。现有标准尚需编制一些分项工程标准或产品标准，对 SNCR 脱 NO$_x$ 系统的设计、施工和运行操作提出具体的技术要求，以获得良好的 NO$_x$ 脱除效果。如在还原剂浓度控制、流量控制、还原剂喷嘴的布置等方面可以提出更具体的技术要求。

（3）现行行业标准《火电厂烟气脱硝工程技术规范　选择性催化还原法》HJ 562 虽然对垃圾焚烧厂具有适用的部分，但还有一些条款不适用于垃圾焚烧厂，也有些关键技术问题没有涉及，如烟气在反应器内的停留时间直接影响 NO$_x$ 脱除效果，在现行行业标准《火电厂烟气脱硝工程技术规范　选择性催化还原法》HJ562 中却没有提出要求。因此尚需针对垃圾焚烧厂制定 SCR 脱 NO$_x$ 系统的分项工程标准或产品标准。如"催化脱 NO$_x$ 反应塔""SCR 脱 NO$_x$ 系统技术要求"等。

（4）现行行业标准《生活垃圾焚烧处理工程技术规范》CJJ 90 对半干法脱酸、湿法脱酸提出了较为宏观的技术要求，尚需编制相关分项工程标准或产品标准，对脱酸系统的设计、施工和运行操作提出具体的技术要求，以获得良好的脱酸效果。另外，对活性炭喷射系统尚无具体的技术要求。

因此建议对于垃圾焚烧领域，立项编制一些国家级的产品标准，包括生活垃圾焚烧厂入炉垃圾特性控制技术要求、流化床焚烧厂生活垃圾预处理技术要求、生活垃圾焚烧厂烟气净化技术要求等，便于在焚烧与烟气净化工艺设计、设备设计与制造过程中执行。

第6章　卫生填埋处理

卫生填埋处理是指填埋场采取防渗、雨污分流、压实、覆盖等工程措施，并对渗沥液、填埋气体及臭味等进行控制的生活垃圾处理方法。

填埋技术作为生活垃圾的最终处置方法，仍然是中国大多数城市解决生活垃圾出路的主要方法。卫生填埋场就是能对渗沥液和填埋气体进行控制的填埋方式，并被广大发达国家普遍采用。其主要特征是既有完善的环保措施，如场底防渗、分层压实、每天覆盖、填埋气排导、渗沥液处理、虫害防治等，又能实现污染控制、达到环保标准。

本指南重点针对卫生填埋场相关标准应用实施进行编制，卫生填埋场包括防渗与封场覆盖系统、渗沥液与地下水导排系统、渗沥液处理系统、填埋气导排与利用系统、臭气控制与处理系统、填埋作业设备等。

6.1　相关标准

GB 16889—2008 生活垃圾填埋场污染控制标准

GB/T 18772—2017 生活垃圾卫生填埋场环境监测技术要求

GB/T 23857—2009 生活垃圾填埋场降解治理的监测与检测

GB/T 25179—2010 生活垃圾填埋场稳定化场地利用技术要求

GB/T 25180—2010 生活垃圾综合处理与资源利用技术要求

GB 50007—2011 建筑地基基础设计规范

GB 50869—2013 生活垃圾卫生填埋处理技术规范

GB 51220—2017 生活垃圾卫生填埋场封场技术规范

CJ/T 234—2006 垃圾填埋场用高密度聚乙烯土工膜

CJ/T 371—2011 垃圾填埋场用高密度聚乙烯管材

CJ/T 430—2013 垃圾填埋场用非织造土工布

CJ/T 436—2013 垃圾填埋场用土工网垫

CJ/T 437—2013 垃圾填埋场用土工滤网

CJ/T 452—2014 垃圾填埋场用土工排水网

CJJ 113—2007 生活垃圾卫生填埋场防渗系统工程技术规范

CJJ 133—2009 生活垃圾填埋场填埋气体收集处理及利用工程技术规范

CJJ 176—2012 生活垃圾卫生填埋场岩土工程技术规范

CJJ/T 213—2016 生活垃圾卫生填埋场运行监管标准

CJJ/T 214—2016 生活垃圾填埋场防渗土工膜渗漏破损探测技术规程

JGJ 79—2012 建筑地基处理技术规范

JG/T 193—2006 钠基膨润土防水毯

6.2　防渗与封场覆盖系统

6.2.1　一般要求

1. 功能要求

（1）防渗系统应符合下列要求：

1）能有效地阻止渗沥液透过，以保护地下水不受污染。

2）具有相应的物理力学性能。

3）具有相应的抗化学腐蚀能力。

4）具有相应的抗老化能力。

5）应覆盖垃圾填埋场场底和四周边坡，形成完整的、有效的防水屏障。

（2）封场覆盖系统总体要求：

1）垃圾堆填终场覆盖工程宜在雨季到来之前完成施工；工程量大、需要跨雨季施工的，应对未完成部分采用临时覆盖措施，减少雨水向垃圾堆体渗漏。

2）封场覆盖系统的各层应具有排气、防渗、排水、绿化等功能。

3）封场覆盖系统铺设前，要对边坡和场顶进行整平，符合规范设计要求。

2. 防渗系统构成

防渗系统应根据填埋场工程地质与水文地质条件进行选择，对于不同等级和地质条件的填埋场要选择不同的防渗材料和结构层，可以选择黏土类衬里（包括改性黏土）、单层防渗、双层防渗及复合防渗，对于边坡和库底选择不同的防渗材料，参考现行国家标准《生活垃圾卫生填埋处理技术规范》GB 50869。

（1）黏土类衬里结构

黏土类衬里分为天然黏土类衬里和改性黏土类衬里。

1）天然黏土类衬里结构的选择

当天然基础层饱和渗透系数小于 $1.0 \times 10^{-7} \text{cm/s}$，且场底及四壁衬里厚度不小于2m时，可采用天然黏土类衬里结构。

2）改性黏土类衬里结构的选择

改性压实黏土类衬里可以根据填埋区周边土质情况，将黏质粉土、砂质粉土等天然材料中加入添加剂进行人工改性，使其达到天然黏土衬里的等效防渗性能要求。

当天然黏土基础层进行人工改性压实后达到天然黏土衬里结构的等效防渗性能要求时，可采用改性压实黏土类衬里作为防渗结构。

（2）人工合成衬里结构

对人工合成衬里结构的选择有如下规定：

· 人工合成衬里的防渗系统应采用复合衬里防渗结构。

· 位于地下水贫乏地区的防渗系统也可采用单层衬里防渗结构。

· 在特殊地质或环境要求非常高的地区，应采用双层衬里防渗结构。

1）复合衬里结构

采用人工合成衬里的防渗系统应采用复合衬里防渗结构，其库区底部和库区边坡选择不同，如下所示：

① 库区底部复合衬里（HDPE 土工膜＋黏土）结构如图 6-1 所示，各层要求如下：

· 基础层：土压实度不应小于 93%。

· 反滤层（可选择层）：宜采用土工滤网，规格不宜小于 200g/m²。

· 地下水导流层（可选择层）：宜采用卵（砾）石等石料，厚度不应小于 30cm，石料上应铺设非织造土工布，规格不宜小于 200g/m²。

· 防渗及膜下保护层：黏土渗透系数不应大于 1.0×10^{-7} cm/s，厚度不宜小于 75cm。

· 膜防渗层：应采用 HDPE 土工膜，厚度不应小于 1.5mm。

· 膜上保护层：宜采用非织造土工布，规格不宜小于 600g/m²。

· 渗沥液导流层：宜采用卵石等石料，厚度不应小于 30cm，石料下可增设土工复合排水网。

· 反滤层：宜采用土工滤网，规格不宜小于 200g/m²。

② 库区底部复合衬里（HDPE 土工膜＋GCL）结构如图 6-2 所示，各层要求如下：

· 基础层：土压实度不应小于 93%。

· 反滤层（可选择层）：宜采用土工滤网，规格不宜小于 200g/m²。

· 地下水导流层（可选择层）：宜采用卵（砾）石等石料，厚度不应小于 30cm，石料上应铺设非织造土工布，规格不宜小于 200g/m²。

· 膜下保护层：黏土渗透系数不宜大于 1.0×10^{-5} cm/s，厚度不宜小于 30cm。

· GCL 防渗层：渗透系数不应大于 5.0×10^{-9} cm/s，规格不应小于 4800g/m²。

· 膜防渗层：应采用 HDPE 土工膜，厚度不应小于 1.5mm。

· 膜上保护层：宜采用非织造土工布，规格不宜小于 600g/m²。

· 渗沥液导流层：宜采用卵石等石料，厚度不应小于 30cm，石料下可增设土工复合排水网。

· 反滤层：宜采用土工滤网，规格不宜小于 200g/m²。

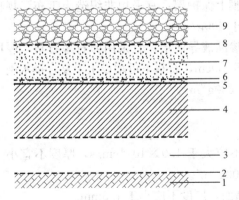

图 6-1　库区底部复合衬里
（HDPE 膜＋黏土）结构示意
1—基础层；2—反滤层（可选择层）；
3—地下水导流层（可选择层）；4—防渗及膜下保护层；
5—膜防渗层；6—膜上保护层；
7—渗沥液导流层；8—反滤层；9—垃圾层

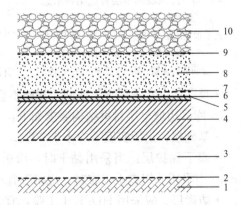

图 6-2　库区底部复合衬里
（HDPE 土工膜＋GCL）结构示意
1—基础层；2—反滤层（可选择层）；
3—地下水导流层（可选择层）；4—膜下保护层；
5—GCL 防渗层；6—膜防渗层；7—膜上保护层；
8—渗沥液导流层；9—反滤层；10—垃圾层

③ 库区边坡复合衬里（HDPE 土工膜＋GCL）结构要求如下：

· 基础层：土压实度不应小于 90%。

· 膜下保护层：当采用黏土时，渗透系数不宜大于 1.0×10^{-5} cm/s，厚度不宜小于 20cm；当采用非织造土工布时，规格不宜小于 $600g/m^2$。

· GCL 防渗层：渗透系数不应大于 5.0×10^{-9} cm/s，规格不应小于 $4800g/m^2$。

· 防渗层：应采用 HDPE 土工膜，宜为双糙面，厚度不应小于 1.5mm。

· 膜上保护层：宜采用非织造土工布，规格不宜小于 $600g/m^2$。

· 渗沥液导流与缓冲层：宜采用土工复合排水网，厚度不应小于 5mm，也可采用土工布袋（内装石料或沙土）。

2）单层衬里结构

对于地下水贫乏地区的防渗系统也可采用单层衬里防渗结构。但单层衬里结构由于其抗风险能力差，一般情况下不推荐选择单层衬里机构，如果选择单层衬里结构，需要经过论证以确保拟建填埋场风险可控。

① 库区底部单层衬里结构如图 6-3 所示，各层要求如下：

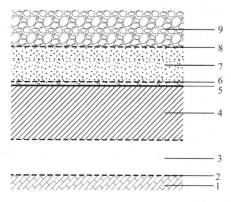

图 6-3 库区底部单层衬里结构示意
1—基础层；2—反滤层（可选择层）；
3—地下水导流层（可选择层）；4—膜下保护层；
5—膜防渗层；6—膜上保护层；
7—渗沥液导流层；8—反滤层；9—垃圾层

· 基础层：土压实度不应小于 93%。

· 反滤层（可选择层）：宜采用土工滤网，规格不宜小于 $200g/m^2$。

· 地下水导流层（可选择层）：宜采用卵（砾）石等石料，厚度不应小于 30cm，石料上应铺设非织造土工布，规格不宜小于 $200g/m^2$。

· 膜下保护层：黏土渗透系数不应大于 1.0×10^{-5} cm/s，厚度不宜小于 50cm。

· 膜防渗层：应采用 HDPE 土工膜，厚度不应小于 1.5mm。

· 膜上保护层：宜采用非织造土工布，规格不宜小于 $600g/m^2$。

· 渗沥液导流层：宜采用卵石等石料，厚度不应小于 30cm，石料下可增设土工复合排水网。

· 反滤层：宜采用土工滤网，规格不宜小于 $200g/m^2$。

② 库区边坡单层衬里结构要求如下：

· 基础层：土压实度不应小于 90%。

· 膜下保护层：当采用黏土时，渗透系数不应大于 1.0×10^{-5} cm/s，厚度不宜小于 30cm；当采用非织造土工布时，规格不宜小于 $600g/m^2$。

· 防渗层：应采用 HDPE 土工膜，宜为双糙面，厚度不应小于 1.5mm。

· 膜上保护层：宜采用非织造土工布，规格不宜小于 $600g/m^2$。

· 渗沥液导流与缓冲层：宜采用土工复合排水网，厚度不应小于 5mm，也可采用土工布袋（内装石料或沙土）。

3）双层衬里结构

在特殊地质或环境要求非常高的地区，应采用双层衬里防渗结构，对于一些要求更高的区域和填埋场，双层防渗一般情况下可以与复合防渗结合起来形成双层复合防渗系统。

　　① 库区底部双层衬里结构如图 6-4 所示，各层要求如下：

　　· 基础层：土压实度不应小于 93%。

　　· 反滤层（可选择层）：宜采用土工滤网，规格不宜小于 200g/m²。

　　· 地下水导流层（可选择层）：宜采用卵（砾）石等石料，厚度不应小于 30cm，石料上应铺设非织造土工布，规格不宜小于 200g/m²。

　　· 膜下保护层：黏土渗透系数不应大于 1.0×10^{-5} cm/s；厚度不宜小于 30cm。

　　· 膜防渗层：应采用 HDPE 土工膜，厚度不应小于 1.5mm。

　　· 膜上保护层：宜采用非织造土工布，规格不宜小于 400g/m²。

　　· 渗沥液检测层：可采用土工复合排水网，厚度不应小于 5mm；也可采用卵（砾）石等石料，厚度不应小于 30cm。

　　· 膜下保护层：宜采用非织造土工布，规格不宜小于 400g/m²。

　　· 膜防渗层：应采用 HDPE 土工膜，厚度不应小于 1.5mm。

　　· 膜上保护层：宜采用非织造土工布，规格不宜小于 600g/m²。

　　· 渗沥液导流层：宜采用卵石等石料，厚度不应小于 30cm，石料下可增设土工复合排水网。

　　· 反滤层：宜采用土工滤网，规格不宜小于 200g/m²。

　　② 库区边坡双层衬里结构要求如下：

　　· 基础层：土压实度不应小于 90%。

　　· 膜下保护层：当采用黏土时，渗透系数不应大于 1.0×10^{-5} cm/s，厚度不宜小于 30cm；当采用非织造土工布时，规格不宜小于 600g/m²。

　　· 防渗层：应采用 HDPE 土工膜，宜为双糙面，厚度不应小于 1.5mm。

　　· 膜上保护层：宜采用非织造土工布，规格不宜小于 400g/m²。

　　· 渗沥液检测层：可采用土工复合排水网，厚度不应小于 5mm；也可采用卵（砾）石等石料，厚度不应小于 30cm。

　　· 膜下保护层：宜采用非织造土工布，规格不宜小于 400g/m²。

　　· 膜防渗层：应采用 HDPE 土工膜，厚度不应小于 1.5mm。

　　· 膜上保护层：宜采用非织造土工布，规格不宜小于 600g/m²。

　　· 渗沥液导流与缓冲层：宜采用土工复合排水网，厚度不应小于 5mm，也可采用土工布袋（内装石料或沙土）。

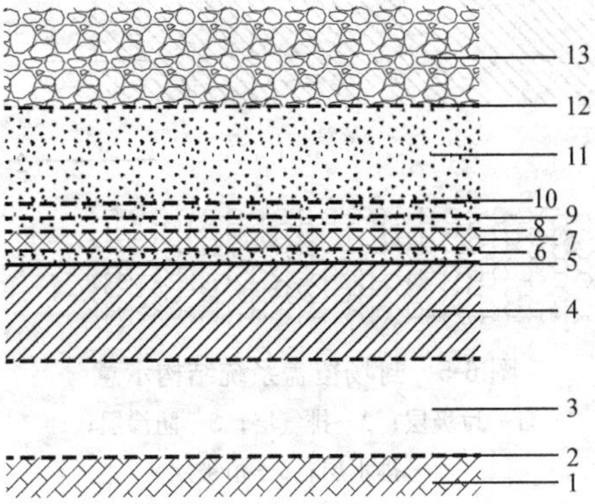

图 6-4　库区底部双层衬里结构示意

1—基础层；2—反滤层（可选择层）；
3—地下水导流层（可选择层）；4—膜下保护层；
5—膜防渗层；6—膜上保护层；7—渗沥液检测层；
8—膜下保护层；9—膜防渗层；10—膜上保护层；
11—渗沥液导流层；12—反滤层；13—垃圾层

　　3. 封场覆盖系统

　　封场覆盖由上至下应包括植被层、排水层、防渗层与排气层，如图 6-5 所示。封场覆

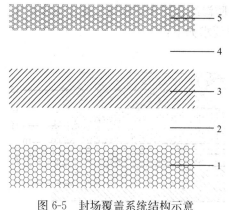

图 6-5 封场覆盖系统结构示意

1—垃圾层；2—排气层；3—防渗层；
4—排水层；5—植被层

盖系统中各层的设计应符合现行国家标准《生活垃圾卫生填埋场封场技术规范》GB 51220 的规定。

（1）排气层

1）堆体顶面宜采用导排性能好、抗腐蚀的粗粒多孔材料，如级配砾石、卵石等（根据当地地材采购情况及气体导排需求来选择），厚度不宜小于 30cm，渗透系数宜大于 1×10^{-2} cm/s。

2）边坡宜采用土工复合排水网，厚度不应小于 5mm。

（2）防渗层

1）当采用 HDPE 土工膜或 LLDPE 土工膜时，厚度不应小于 1mm，膜上和膜下应敷设非织造土工布，面密度不宜小于 300g/m^2，且顶部宜采用光面土工膜，边坡宜采用糙面上工膜。

2）当采用黏土时，黏土层的渗透系数不应大于 1.0×10^{-7} cm/s，厚度不应小于 30cm。黏土层压实度不得小于 90%，黏土层平整度应达到每平方米黏土层误差不大于 2cm。

3）设计防渗黏土层时应考虑沉降、干裂缝以及冻融循环等破坏因素。

4）可用土工聚合黏土衬垫（GCL）代替黏土层作为膜下保护层，厚度应大于 5mm，渗透系数应小于 1.0×10^{-7} cm/s，其下排气层厚度应由 30cm 增至 45cm 以上，以保护衬垫不与填埋物接触并尽量减少沉降的影响。

5）封场防渗层宜与场底防渗层紧密连接。同一平面的防渗层宜使用同一种防渗材料，并应保证焊接技术的统一性。

6）渗沥液与填埋气体的导排管道穿过封场防渗层处应进行密封处理。

（3）排水层

1）排水层渗透系数要求大于 1×10^{-2} cm/s。

2）堆体顶面宜采用粗粒或多孔材料，比如级配碎石、卵石等（根据当地地材采购情况及导排需求来选择），厚度不宜小于 30cm。

3）边坡宜采用土工复合排水网，厚度不应小于 5mm。

（4）植被层

应采用自然土加表层营养土，厚度应根据种植植物的根系深浅确定，营养土的厚度不宜小于 15cm。

4. 相关产品

（1）HDPE 土工膜

HDPE 土工膜，又称为高密度聚乙烯土工膜，分为双光面、单糙面及双糙面，厚度可分为 0.75mm、1.0mm、1.5mm、2.0mm、2.5mm 及 3.0mm。

HDPE 膜的选择应考虑地基的沉降、垃圾的堆高及 HDPE 膜锚固时的预留量。

在只考虑垃圾堆高时，膜的选择可参照以下要求选用：

1）库区地下水位较深，周围无环境敏感点，且垃圾堆高小于 20m 时，可选用 1.5mm 厚 HDPE 膜。

2）垃圾堆高介于 20m 至 50m 之间，可选用 2.0mm 厚的 HDPE 膜，同时宜进行拉力核算。

3）垃圾堆高大于 50m 时，防渗膜厚度选择按要求计算确定。

4）底部防渗应选用厚度大于 1.5mm 的土工膜，终场覆盖可选用厚度大于 1.0mm 的土工膜。

5）临时覆盖可选用厚度大于 0.5mm 的 HDPE 土工膜或 LLDPE（线性低密度聚乙烯）土工膜。

一般情况下，仅从防渗性能考虑，填埋场采用 HDPE 土工膜防渗，1.5mm 厚为可用值，2.0mm 厚为较好值。

HDPE 土工膜的性能指标必须满足国家现行标准《垃圾填埋场用高密度聚乙烯土工膜》CJ/T 234 和《土工合成材料　聚乙烯土工膜》GB/T 17643 的规定。

HDPE 土工膜另需要满足以下规定：

1）产品单卷的长度不应少于 50m，长度偏差应控制在±2%。

2）宽度尺寸应大于 3000mm，偏差应控制在±1%。

3）光面土工膜的极限偏差应控制在±10%，糙面土工膜的极限偏差应控制在±15%。

（2）钠基膨润土防水毯（GCL）

钠基膨润土防水毯按照产品类别可分为针刺法钠基膨润土防水毯（GCL-NP）、针刺覆膜法钠基膨润土防水毯（GCL-OF）、胶粘法钠基膨润土防水毯（GCL-AH）。

按单位面积质量可分为 4000g/m²、4500g/m²、5000g/m²、5500g/m² 等。

钠基膨润土防水毯（GCL）主要用于辅助防渗层及膜下保护层，性能指标需要满足现行行业标准《钠基膨润土防水毯》JG/T 193 的规定。另在外观、原材料等方面也要满足以下要求，以确保 GCL 的使用质量。

1）原材料

① 产品使用的膨润土应为天然钠基膨润土或人工钠化膨润土，粒径在 0.2～2mm 的膨润土颗粒质量应至少占膨润土总质量的 80%。

② 产品使用的聚乙烯土工膜应符合现行国家标准《土工合成材料　聚乙烯土工膜》GB/T 17643 的规定，其他膜材也应符合相应标准的要求。

③ 产品使用的塑料扁丝编织土工布应符合现行国家标准《土工合成材料　塑料扁丝编织土工布》GB/T 17690 的要求，并宜使用具有抗紫外线功能的单位面积质量为 120g/m² 的塑料扁丝编织土工布。

④ 宜使用单位面积质量为 220g/m² 的非织造土工布。

2）外观质量

表面平整，厚度均匀，无破洞、破边，无残留断针，针刺均匀。

（3）土工布

土工布分为非织造土工布和有纺土工布（土工滤网），在不同环境下的应用可参考如下规定：

1）土工布用作 HDPE 膜保护材料时，要求采用非织造土工布。规格要求不小于 600g/m²。

2）土工布用于盲沟和渗沥液收集导流层的反滤材料时，宜采用土工滤网，规格不宜

小于 $200g/m^2$。

3）土工布长久暴露时，要充分考虑其抗老化性能；土工布作为反滤材料时，要求充分考虑其防淤堵性能。

本章节主要对非织造土工布进行描述，有纺土工布详见其他章节。

垃圾填埋场常用的非织造土工布按纤维类别分为聚酯纤维（涤纶）和聚丙烯纤维（丙纶）；按纤维长度分为短丝和长丝；按幅宽和单位面积质量可划分为 $200g/m^2$、$300g/m^2$、$400g/m^2$、$500g/m^2$、$600g/m^2$、$800g/m^2$、$1000g/m^2$。其幅宽一般不小于 4.5m。按用途可分为垃圾填埋场防渗、导排系统非织造土工布和垃圾填埋场覆盖非织造土工布。

其应用环境如下所示：

1）非织造土工布用作 HDPE 膜保护材料时，规格不应小于 $600g/m^2$，当设计堆填垃圾高度达 15m 及以上，其规格不应小于 $800g/m^2$。

2）针对常规环境，适宜选取聚酯非织造土工布。

3）针对强碱性环境中，其作为膜上保护层要充分考虑其耐碱性，适宜选取抗碱性、耐腐蚀性极佳，化学稳定性非常好的聚丙烯非织造土工布。

土工布的性能指标一般参考现行行业标准《垃圾填埋场用非织造土工布》CJ/T 430 的规定。

（4）土工滤网

土工滤网又称为有纺土工布，主要用于填埋场地下水、封场表面入渗水、渗沥液收集系统等。幅宽宜大于或等于 3000mm。

土工滤网的性能指标一般参考现行行业标准《垃圾填埋场用土工滤网》CJ/T 437 的规定。

（5）土工排水网

土工排水网主要用于垃圾填埋场渗沥液导排、地下水导排、封场表面入渗水、封场填埋气体导排等。宽度不应小于 2000mm。

土工排水网的应用参考以下规定：

1）土工排水网中土工网和土工布要求预先粘结，且粘结强度要求大于 0.17kN/m。

2）土工排水网导水率的选取要求考虑蠕变、土工布嵌入、生物淤堵、化学淤堵和化学沉淀等折减因素。

土工排水网的性能指标一般参考现行行业标准《垃圾填埋场用土工排水网》CJ/T 452 规定。

（6）土工网垫

土工网垫主要用于垃圾填埋场边坡防护、封场等工程。针对边坡较陡和沉降较大时，可考虑选用土工网垫，其宽度宜大于或等于 2000mm。土工网垫的颜色宜为黑色。

土工网垫的性能指标一般参考现行行业标准《垃圾填埋场用土工网垫》CJ/T 436 规定。

（7）低密度聚乙烯土工膜（LLDPE）

LLDPE 土工膜，又称为线性低密度聚乙烯土工膜，分为双光面、单糙面及双糙面，厚度可分为 0.75mm、1.0mm、1.5mm、2.0mm、2.5mm 及 3.0mm。其使用环境参考 HDPE 土工膜。

LLDPE 土工膜另需要满足以下规定：

1）产品单卷的长度不应少于 50m，长度偏差应控制在±2％。

2）宽度尺寸应大于 3000mm，偏差应控制在±1％。

3）光面土工膜的极限偏差应控制在±10％，糙面土工膜的极限偏差应控制在±15％。

LLDPE 土工膜的性能指标必须满足现行行业标准《垃圾填埋场用线性低密度聚乙烯土工膜》CJ/T 276 的规定。

6.2.2　技术（设计）要求

1. 地基处理与场地平整

防渗系统铺设前要对地基和边坡作相应的处理，使其满足标准规范，符合防渗系统铺设基础作业面的要求。

（1）地基处理

1）地基处理要求

① 填埋库区地基应是具有承载填埋体负荷的自然土层或经过地基处理的稳定土层，不得因填埋堆体的沉降而使基层失稳。对不能满足承载力、沉降限制及稳定性等工程建设要求的地基应进行相应的处理。

② 填埋库区地基及其他建（构）筑物地基的设计应按国家现行标准《建筑地基基础设计规范》GB 50007 及《建筑地基处理技术规范》JGJ 79 的有关规定执行。

③ 在选择地基处理方案时，应经过实地的考察和岩土工程勘察，结合考虑填埋堆体结构、基础和地基的共同作用，经过技术经济比较确定。

④ 填埋库区地基应进行承载力计算及最大堆高验算。

⑤ 应防止地基沉降造成防渗衬里材料和渗沥液收集管的拉伸破坏，应对填埋库区地基进行地基沉降及不均匀沉降计算。

2）承载力计算及最大堆高验算

填埋库区应进行地基承载力计算、最大堆高验算、地基沉降计算及不均匀沉降计算，详见现行国家标准《生活垃圾卫生填埋处理技术规范》GB 50869。

（2）边坡处理

1）边坡处理要求

① 填埋库区地基边坡设计应按国家现行标准《建筑边坡工程技术规范》GB 50330 和《水利水电工程边坡设计规范》SL386 的有关规定执行。

② 经稳定性初步判别有可能失稳的地基边坡以及初步判别难以确定稳定性状的边坡应进行稳定计算。

③ 对可能失稳的边坡，宜进行边坡支护等处理。边坡支护结构形式可根据场地地质和环境条件、边坡高度以及边坡工程安全等级等因素选定。

2）填埋库区边坡设计要求

① 填埋库区边坡坡度宜取 1∶2，局部陡坡要求不大于 1∶1。

② 削坡修整后的边坡要求光滑整齐，无凹凸不平，便于铺膜。基坑转弯处及边角均要求采取圆角过渡，圆角半径不宜小于 1m。

③ 对于少部分陡峭的边坡要求削缓平顺，不可形成台阶状、反坡或突然变坡，边坡

处边坡角宜小于 20°。

3）地基边坡稳定计算

填埋库区边坡工程安全等级要求根据边坡类型和坡高等因素确定，进行稳定计算时，要求根据边坡的地形地貌、工程地质条件以及工程布置方案等，分区段选择有代表性的剖面。

（3）场地平整

场地平整应满足填埋场几个基本要求的规定：

1）要求尽量减少库底的平整设计标高以减少库底的开挖深度，减少土方量，减少渗沥液、地下水收集系统及调节池的开挖深度。

2）场地平整设计时除要满足填埋库容要求外，还要兼顾边坡稳定及防渗系统铺设等方面的要求。

3）场地平整压实度要求：

① 地基处理压实系数不小于 0.93。

② 库区底部的表层黏土压实度不得小于 0.93。

③ 路基范围回填土压实系数不小于 0.95。

④ 库区边坡的平整压实系数不小于 0.90。

4）场地平整设计要求考虑设置堆土区用于临时堆放开挖的土方，同时要求做相应的防护措施，避免雨水冲刷，造成水土流失。

5）场地平整前的临时作业道路设计要求结合地形地势，根据场地平整及填埋场运行时填埋作业的需要，方便机械进场作业、土方调运。

6）要求场地平整时确保所有裂缝和坑洞被堵塞，防止渗沥液渗入地下水，同时有效防止填埋气体的横向迁移，保证周边建（构）筑物的安全。

2. 防渗系统

（1）总体要求

1）填埋场总体设计应采用成熟的技术和设备，做到技术可靠、节约用地、安全卫生、防止污染、方便作业、经济合理。

2）填埋场总占地面积应按远期规模确定。填埋场的各项用地指标应符合国家有关规定及当地土地、规划等行政主管部门的要求。填埋场宜根据填埋场处理规模和建设条件作出分期和分区建设的总体设计。

3）填埋场主体工程构成内容应包括：计量设施，地基处理与防渗系统，防洪、雨污分流及地下水导排系统，场区道路，垃圾坝，渗沥液收集和处理系统，填埋气体导排和处理（可含利用）系统，封场工程及监测井等。

4）填埋场辅助工程构成内容应包括：进场道路，备料场，供配电，给排水设施，生活和行政办公管理设施，设备维修，消防和安全卫生设施，车辆冲洗、通信、监控等附属设施或设备，并宜设置应急设施（包括垃圾临时存放、紧急照明等设施）。Ⅲ类以上填埋场宜设置环境监测室、停车场等设施。

防渗系统应根据填埋场工程地质与水文地质条件进行选择。

（2）黏土衬里

当天然基础层饱和渗透系数小于 1.0×10^{-7} cm/s，且场底及四壁衬里厚度不小于 2m

时，可采用天然黏土类衬里结构。天然黏土基础层进行人工改性压实后达到天然黏土衬里结构的等效防渗性能要求，可采用改性压实黏土类衬里作为防渗结构。

天然黏土要满足以下要求：

1）黏土渗透系数 ≤ 1×10^{-7} cm/s；

2）液限（Wt）：25%～30%；

3）塑限（Wp）：10%～15%；

4）不大于 0.074mm 的颗粒含量：40%～50%；

5）不大于 0.002mm 的颗粒含量：18%～25%。

（3）双层衬里

在特殊地质或环境要求非常高的地区，应采用双层衬里防渗结构，如下几种情况：

1）国土开发密度较高、环境承载力减弱，或环境容量较小、生态环境脆弱等需要采取特别保护的地区；

2）填埋容量超过 1.0×10^7 m³ 或使用年限超过 30 年的填埋场；

3）基础天然土层渗透系数大于 10^{-5} cm/s，且厚度较小、地下水位较高（距基础底小于 1m）的场址；

4）混合型填埋场的专用独立库区，即生活垃圾焚烧飞灰和医疗废物焚烧残渣经处理后的最终处置填埋场的独立填埋库区。

（4）复合衬里

复合衬里在设计时要对"地下水导流层""防渗及膜下保护层""渗沥液导流层""膜上保护层"及"反滤层"的材料选择执行以下几点要求：

1）地下水导流层：当导排的场区坡度较陡时，地下水导流层可采用土工复合排水网；地下水导流层与基础层、膜下保护层之间采用土工织物层，土工织物层起到反滤、隔离作用。

2）防渗及膜下保护层：防渗及膜下保护层的黏土渗透系数要求不大于 1×100^{-7} cm/s。复合衬里结构（HDPE 膜＋黏土）中，可对黏土防渗层进行等效替换，详见现行国家标准《生活垃圾卫生填埋处理技术规范》GB 50869。

3）渗沥液导流层：材料一般采用卵（砾）石，某些情况下也有采用土工复合排水网和砾石共同组成导流层。当导流的场区坡度较陡时，土工膜上需增加缓冲保护层，材料可以采用袋装土或旧轮胎等。

4）膜上保护层：防止 HDPE 膜受到外界影响而被破坏，如石料或垃圾对其的刺穿，应力集中造成膜破损。材料可采用土工布。

5）反滤层：防止垃圾在导流层中积聚，造成渗沥液导流系统堵塞或导流效率降低，可采用土工滤网。

3. 封场覆盖系统

（1）排气层

1）对于全场已覆盖土层的垃圾堆体可选择网状排气盲沟作为排气层。

2）垃圾边坡上宜采用土工网材料作为排气层。

3）由于填埋气体含有一些酸性气体，对一些碱性物质（如石灰石）有腐蚀性，要求排气层所用的材料不能别填埋气体腐蚀。

（2）防渗层

1）人工防渗材料和天然黏土均具有较好的防渗性，但两者有不同的性能，在设计时有不同的要求。目前国内填埋场封场覆盖的人工防渗材料主要有土工膜和膨润土垫（GCL）。

2）土工膜作为主防渗层时的规定：

① 要求土工膜有良好的抗拉强度，以抵抗不均匀沉降形成的拉伸。

② 要求防渗膜的寿命大于填埋场稳定的时间。

③ 封场防渗土工膜没有垃圾的重压，厚度可以比场底防渗层薄，可以为 1mm～1.5mm。

④ 要求采用双糙面土工膜，以防止边坡土工膜及其上部的土层发生滑坡。

⑤ 土工膜焊接或搭接可有效防止雨水进入垃圾堆体。

（3）排水层

1）推荐堆体顶部选用碎石作为排水层，边坡采用复合土工排水网。

2）碎石作为排水层时，厚度不宜过小，否则影响排水效果。要求厚度不宜小于300mm。上部铺设 200g/m² 土工滤网防止土颗粒堵塞碎石层。

3）边坡铺设排水网时，要求两片网上下搭接重叠宽度不宜小于 300mm，并要求每500mm 用绳拴接固定。

4）排水层与垃圾表面排水沟相接处由于排水沟沟壁上沿与覆土上表面基本平齐，阻挡了排水层中积水的外排，设置穿过沟壁的排水短管可以使渗入排水层的雨水及时排入排水沟，有效降低土层的含水率，从而保证上部土层的下渗水及时排放，避免土层内含水达到饱和。

（4）绿化土层

1）土层厚度不宜小于 500mm。

2）绿化土层一般压实度达到 80% 即可，压实度过大影响植物根系的生长，过小易于发生沉降和土层不稳。

3）对草坪和花卉种植土，需要对土层上部进行翻耕，翻耕深度一般为 200mm 左右，并需对此土层进行基肥施加、搂平耙细、去除杂物。对灌木和乔木种植地，可局部进行翻耕、施肥。

6.2.3 施工要求

1. 黏土防渗层

采用天然黏土作为防渗层时，施工应符合下列要求：

（1）应主要采用无振动的羊足碾压分层压实，表层应采用滚筒式碾压机压实。

（2）松土厚度宜为 200～300mm，压实后的填土层厚度不应超过 150mm。

（3）各层应每 500m² 取 3～5 个试样进行含水率和干密度测试。

在后续层施工前，应将前一压实层表面拉毛，拉毛深度宜为 25mm，可计入下一层松土厚度。

2. 土工膜（HDPE）

HDPE 膜的施工应符合《生活垃圾卫生填埋场防渗系统工程技术规范》CJJ 113—

2007 第 5.3 节的规定。

（1）HDPE 膜材料在进填埋场交接前，应进行相关的性能检查。

（2）在安装前，HDPE 膜材料应正确地储存，并应标明其在总平面图中的安装位置。

（3）HDPE 膜的铺设量不应超过 1 个工作日能完成的焊接量。

（4）在安装 HDPE 膜之前，应检查其膜下保护层，每平方米的平整度误差不宜超过 20mm。

（5）HDPE 膜铺设时应符合下列要求：

1）铺设应一次展开到位，不宜展开后再拖动。

2）应为材料热胀冷缩导致的尺寸变化留出伸缩量。

3）应对膜下保护层采取适当的防水、排水措施。

4）应采取措施防止 HDPE 膜受风力影响而破坏。

（6）HDPE 膜展开完成后，应及时焊接，HDPE 膜的搭接宽度应符合《生活垃圾卫生填埋场防渗系统工程技术规范》CJJ 113—2007 表 3.7.2 的规定。

（7）HDPE 膜铺设展开过程应按照《生活垃圾卫生填埋场防渗系统工程技术规范》CJJ 113—2007 附录 A 表 A.0.1 的要求填写有关记录，焊接施工应按《生活垃圾卫生填埋场防渗系统工程技术规范》CJJ 113—2007 附录 B 表 B.0.1～表 B.0.3 的要求填写有关记录。

（8）HDPE 膜铺设过程中必须进行搭接宽度和焊接质量控制。监理必须全过程监督膜的焊接和检验。

（9）施工中应注重保护 HDPE 膜不受破坏，车辆不得直接在 HDPE 膜上碾压。

3. 钠基膨润土防水毯（GCL）

（1）GCL 应表面平整，厚度均匀，无破洞、破边现象。针刺类产品的针刺应均匀密实，应无残留断针。

（2）GCL 施工应符合《生活垃圾卫生填埋场防渗系统工程技术规范》CJJ 113—2007 第 5.5 节的规定。

（3）GCL 膨润土垫的运输与储存

1）GCL 膨润土垫卷材应用集装箱或开顶卡车等运送。

2）吊装时应确保 GCL 膨润土垫免受损伤。

3）卸载地带必须干爽，平整并清除所有碎片垃圾，储存时地面应在材料下放置 20cm 厚木板采取架空方法垫起。

（4）为保护其免受天气影响，所有卷材应以防水油布或其他的塑料薄膜覆盖。

（5）GCL 膨润土垫的施工要求

1）根据实际地形测量结果，绘制整个场区的 GCL 膨润土垫铺设平面布置图，按 GCL 膨润土垫的铺设规范合理地进行铺设。

2）宽幅、大捆膨润土防水毯（GCL）的铺设宜采用机械施工；条件不具备及窄幅、小捆膨润土防水毯（GCL），也可采用人工铺设。

3）按规定顺序和方向，分区分块进行膨润土防水毯（GCL）的铺设。膨润土防水毯（GCL）应以品字形分布，必须避免十字形叠口出现。

4）膨润土防水毯（GCL）两边的土工织物分别为无纺布和编织布，铺设时无纺布应对着迎水面，即无纺布朝上。

5）所有GCL膨润土垫卷材的外部纵向边缘有被织入的粉末状合成膨润土，故此卷材之间的连接采用直接搭接的方法进行连接，纵向搭接不小于300mm，横向搭接不小于500mm。对于横向搭接区域需追加膨润土的GCL膨润土垫，应在下方的片材搭接区域表面中间位置放置微粒状钠基膨润土（与GCL母材相同），数量为0.5kg/m。搭接口要密实，不能翘起，以防止因脏物进入而导致搭接失败。

6）当遇到"丁"字或"井"字搭接时，按常规方法进行搭接。

7）当铺设场地有一定坡度时，GCL膨润土垫需要进行锚固。

8）在GCL膨润土垫片材发生损伤时，损伤区上应覆盖一块相同材质的片材，四周应比损伤区域至少长出300mm，且被覆盖区域应清除掉所有碎片并擦拭干净。在擦拭过程中若有损耗，则需用合成膨润土粉末进行补充。

（6）GCL膨润土衬垫铺设安装，如图6-6所示。

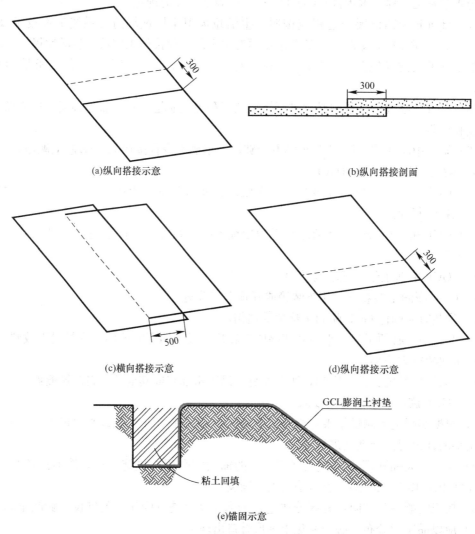

图6-6　GCL膨润土衬垫铺设安装示意

4. 非织造土工布

（1）非织造土工布施工应符合《生活垃圾卫生填埋场防渗系统工程技术规范》CJJ 113—2007 第 5.4 节的规定。

（2）土工布的装卸、运输和储存

1）土工布在装卸和运输时必须使用正确的装卸设施，并应检查所有用于搬运的工具是否符合规范要求。

2）装卸搬运土工布时，应避免与尖类物体接触，以免损坏；如土工布的外包装受到损坏时要及时用塑料胶带修补，以免进水。

3）运输土工布的车辆的车厢须平整，土工布应平直排列装车，长度不得超出车厢体外，并用编织带进行固定（不允许用铁丝、链子、股绳等固定）。

4）储存土工布的地面必须做到平整、滤水，没有尖类物体，并远离热源、积油及化学物品或其他有害物体。土工布须整齐堆放，堆放高度不得超过 6 卷的高度并注意防晒（如需在室外长期存放则要用黑色塑料膜进行覆盖）。

5）土工布在运达工地后使用前，质量保证工程师应检查土工布的文件资料是否齐全，并核对实物有无差异、是否受损，如有明显的物理损坏应禁止使用。

（3）土工布的施工准备工作

1）根据实际地形丈量结果，绘制整个场地的土工布铺设平面示意图，并用专用裁刀裁好土工布。

2）施工前的准备工作做好后，必须对材料进行再一次确认、检查，以保万无一失。检查时，必须满足以下条件：

① 所有准备安装的材料已确保准备就绪。

② 所有用于安装的材料质量必须合格，状态良好。

3）在安装土工布之前，必须会同质检单位或现场监理单位对将要进行安装的场地表面进行检查，检查时必须满足以下条件：

① 表面必须保证没有积水、尖锐物体等类似的有可能刺穿土工布的杂物；

② 确保表面层（黏土层或 HDPE 膜层）已完全通过验收。

（4）土工布的铺设工作

1）非织造土工布施工工艺流程：首先根据单个施工段的实际地形尺寸进行规划→按实际规划尺寸进行裁剪并运至施工现场的相应位置→按施工操作程序进行铺设、连接→自检合格后再申请验收，为下道工序作好准备。

2）铺设满足的条件：

① 接缝与坡面线平行，不可与坡面线相交。

② 在坡脚或可能存在应力集中的地方，1.5m 范围内不应有水平接缝。

（5）具体铺设方法

1）在坡面上铺设土工布时，应对土工布的一端先进行锚固，然后将卷材顺坡面放下，以保证土工布保持拉紧状态。

2）在场底铺设土工布时，用沙袋在铺设期间进行临时锚固，并保留到铺设上面一层施工时为止。

（6）铺设质量标准

1）在铺设过程中，若需进行局部剪切，必须用专业土工布切割刀进行切割，且对相邻材料必须采取特殊措施以防止由于切割土工布对其造成损坏。

2）在铺设施工时，必须采取一切措施以防止对下面一层已经安装好的防渗材料造成破坏。

3）在铺设土工布时，必须注意不要让石头、大量尘土、杂质或水分等有可能破坏土工布，或有可能阻塞排水渠或过滤网，或有可能给接下来的连接工序带来困难的物质进入土工布或土工布下面。

4）每天铺设结束前，对当天所有铺设的土工布表面进行目测以确定所有损坏的地方都已作上标记并立即进行修补，确定铺设表面没有可能造成损坏的外来物质，如细针、小铁钉等。

（7）非织造土工布连接质量标准

1）热粘连接是首选的土工布连接方法，即用热风筒对两片土工布的连接缝瞬时高温加热，使其部分达到融熔状态，并立即使用一定的外力使其牢牢地粘结在一起，2片土工布接缝搭接宽度要求在0.15～0.2m，在应力集中的地方或边坡有水平搭接时，接缝宽度为0.2m以上。

2）在潮湿（雨天）天气不能进行热粘连接的情况下，土工布应采取另一方法连接，即缝合连接，用专用缝纫机进行双重缝合连接，且采用防化学紫外线的缝合线，其缝合处搭接宽度——场底为0.10m，边坡为0.15m。

3）缝合连接时，采用双重缝合，缝合线须采用与土工布相同或更优质的材料。

4）每天工作结束前，须对当天所连接的工作进行自检，发现不合格的地方立即修补，杜绝不合格工作遗留至下一工序。

5. 土工滤网

（1）土工滤网的导水率选取应考虑蠕变、土工布嵌入、生物淤堵、化学淤堵和化学沉淀等折减因素。

（2）土工滤网应符合现行行业标准《垃圾填埋场用土工滤网》CJ/T 437 的相关要求。施工应符合现行行业标准《生活垃圾卫生填埋场防渗系统工程技术规范》CJJ 113 的要求。

6. 土工排水网

（1）土工排水网的导水率选取应考虑蠕变、土工布嵌入、生物淤堵、化学淤堵和化学沉淀等折减因素。

（2）土工复合排水网应符合现行行业标准《垃圾填埋场用土工排水网》CJ/T 452 的相关要求，施工应符合《生活垃圾卫生填埋场防渗系统工程技术规范》CJJ 113—2007 第5.6节。

1）土工复合排水网的排水方向与水流方向一致。

2）边坡上的土工复合排水网不宜存在水平接缝。

3）在管道或构筑立柱等特殊部位施工时，应进行特殊处理，并保证排水通畅。

4）土工复合排水网的施工中，土工布和排水网都应和同类材料连接。相邻的部位应使用塑料扣件或聚合物编制带连接，底层土工布应搭接，上层土工布应缝合连接，连接部分应重叠。沿材料卷的长度方向，最小连接间距不宜大于1.5m。

5）排水网芯复合的土工布应全面覆盖网芯。

6）在施工过程中，不得损坏已铺设好的 HDPE 膜。施工机械不得直接在复合土工排水网材料上碾压。

7. 土工网垫

土工网垫的设计要综合考虑强度、厚度、单位面积质量等指标，以使其在经济最合理的情况下，发挥最大的作用。土工网垫主要通过改变菱形网、双向拉伸网的不同复合层数来设计不同的规格。

（1）土工网垫应有一定的柔韧性，以使其能在不同坡面与坡面良好接触，不出现"架桥"现象。

（2）在斜坡上，土工网垫应由上至下铺设，保证其与坡面平顺结合。

（3）土工网垫之间保证必要的搭接，确保无悬空褶皱现象。

（4）土工网垫两端应预留足够尺寸进行锚固，在坡顶、搭接处和坡面可采用锚钉进行固定。

（5）土工网垫应符合现行行业标准《垃圾填埋场用土工网垫》CJ/T 436 的相关要求。

6.2.4　运行管理要求

运行管理参考现行行业标准《生活垃圾卫生填埋场运行监管标准》CJJ/T 213 和《生活垃圾卫生填埋场运行维护技术规程》CJJ 93。

6.3　渗沥液与地下水导排系统

6.3.1　一般要求

1. 功能要求

（1）渗沥液导排系统：填埋库区渗沥液收集系统应包括导流层、盲沟、竖向收集井、集液井（池）、泵房、调节池及渗沥液水位监测井。

（2）地下水导排系统：根据地下水水量、水位及其他水文地质情况的不同，可选择采用碎石导流层、导排盲沟、土工复合排水网导流层等方法进行地下水导排或阻断。地下水收集导排系统应具有长期的导排性能。

《生活垃圾卫生填埋处理技术规范》GB 50869—2013 对填埋场渗沥液导排有如下规定：

（1）填埋场必须设置有效的渗沥液收集系统和采取有效的渗沥液处理措施，严防渗沥液污染环境。

（2）渗沥液处理设施应符合现行行业标准《生活垃圾渗沥液处理技术规范》CJJ 150 的有关规定。

2. 相关产品

渗沥液导排系统所用产品性能要求：

（1）碎石

碎石的粒径适宜在 60mm 左右，尽可能选择卵石或棱角光滑的砾石，碳酸钙含量不得高于 5%。导排层及盲沟采用砾石、卵石或碎石（$CaCO_3$ 含量不应大于 10%）铺设，石料的渗透系数不应小于 1.0×10^{-3} cm/s。

（2）土工布、土工滤网

导排层及导排盲沟反滤层宜采用土工滤网，保护层宜采用非织造土工布；土工滤网符合现行行业标准《垃圾填埋场用土工滤网》CJ/T 437 的要求；非织造土工布符合现行行业标准《垃圾填埋场用非织造土工布》CJ/T 430 的相关要求。

（3）HDPE 管

填埋场用 HDPE 管不宜低于 PE80，且符合现行行业标准《垃圾填埋场用高密度聚乙烯管材》CJ/T 371 的相关要求。

6.3.2 技术（设计）要求

1. 地下水收集导排

（1）地下水收集导排系统可参照渗沥液收集导排系统进行设计。地下水收集管管径可根据地下水水量进行计算确定，干管外径（dn）不应小于 250mm，支管外径（dn）不宜小于 200mm。

（2）当填埋库区所处地质为不透水层时，可采用垂直防渗帷幕配合抽水系统进行地下水导排。垂直防渗帷幕的渗透系数不应大于 1×10^{-5} cm/s。

2. 渗沥液水质与水量

（1）渗沥液水质参数的设计值选取应考虑初期渗沥液、中后期渗沥液和封场后渗沥液的水质差异。

（2）新建填埋场的渗沥液水质参数可根据表 6-1 提供的国内典型填埋场不同年限渗沥液水质范围确定，也可参考同类地区同类型的填埋场实际情况合理选取。

国内典型填埋场不同年限渗沥液水质范围　　　　表 6-1

类别项目	填埋初期渗沥液（≤5 年）	填埋中后期渗沥液（≥5 年）	封场后渗沥液（≥10 年）
COD(mg/L)	6000～30000	2000～10000	1000～5000
BOD_5 (mg/L)	2000～20000	1000～4000	300～2000
NH_3-N（mg/L）	600～3000	800～4000	1000～4000
TN（mg/L）	1000～4000	1300～4500	1500～4500
SS（mg/L）	500～4000	500～1500	200～1000
pH	5～8	6～8	6～9

注：表中均为调节池出水水质。

（3）改造、扩建填埋场的渗沥液水质参数应以实际运行的监测资料为基准，并预测未来水质变化趋势。

（4）渗沥液产生量宜采用经验公式法进行计算，计算时应充分考虑填埋场所处气候区域、进场生活垃圾中有机物含量、场内生活垃圾降解程度以及场内生活垃圾埋深等因素的影响。

（5）渗沥液产生量计算取值应符合下列规定：

1）指标应包括最大日产生量、日平均产生量及逐月平均产生量的计算。

2）当设计计算渗沥液处理规模时应采用日平均产生量。

3）当设计计算渗沥液导排系统时应采用最大日产生量。

4) 当设计计算调节池容量时应采用逐月平均产生量。

3. 渗沥液收集

（1）渗沥液导流层设计应符合下列规定：

1) 导流层宜采用卵（砾）石或碎石铺设，厚度不宜小于 300mm，粒径宜为 20～60mm，由下至上粒径逐渐减小。

2) 导流层与垃圾层之间应铺设反滤层，反滤层可采用土工滤网，单位面积质量宜大于 $200g/m^2$。

3) 导流层内应设置导排盲沟和渗沥液收集导排管网。

4) 导流层应保证渗沥液通畅导排，降低防渗层上的渗沥液水头。

5) 导流层下可增设土工复合排水网强化渗沥液导流。

6) 边坡导流层宜采用土工复合排水网铺设。

（2）盲沟设计应符合下列规定：

1) 盲沟宜采用砾石、卵石或碎石（$CaCO_3$ 含量不应大于 10%）铺设，石料的渗透系数不应小于 1.0×10^{-3} cm/s。主盲沟石料厚度不宜小于 40cm，粒径从上到下依次为 20～30mm、30～40mm、40～60mm。

2) 盲沟内应设置高密度聚乙烯（HDPE）收集管，管径应根据所收集面积的渗沥液最大日流量、设计坡度等条件计算，HDPE 收集干管公称外径（dn）不应小于 315mm，支管外径（dn）不应小于 200mm。

3) HDPE 收集管的开孔率应保证环刚度要求。HDPE 收集管的布置宜呈直线。Ⅲ类以上填埋场 HDPE 收集管宜设置高压水射流疏通、端头井等反冲洗措施。

4) 主盲沟坡度应保证渗沥液能快速通过渗沥液 HDPE 干管进入调节池，纵、横向坡度不宜小于 2%。

5) 盲沟系统宜采用鱼刺状和网状布置形式，也可根据不同地形采用特殊布置形式（反锅底形等）。

6) 盲沟断面形式可采用菱形断面或梯形断面，断面尺寸应根据渗沥液汇流面积、HDPE 管管径及数量确定。

7) 中间覆盖层的盲沟应与竖向收集井相连接，其坡度应能保证渗沥液快速进入收集井。

（3）导气井可兼做渗沥液竖向收集井，形成立体导排系统收集垃圾堆体产生的渗沥液。

（4）集液井（池）宜按库区分区情况设置，并宜设在填埋库区外侧。

4. 调节池

调节池设计应符合以下规定：

（1）调节池容积宜按《生活垃圾卫生填埋处理技术规范》GB 50869-2013 附录 C 的计算要求确定，调节池容积不应小于 3 个月的渗沥液处理量。

（2）调节池可采用 HDPE 土工膜防渗结构，也可采用钢筋混凝土结构。

（3）HDPE 土工膜防渗结构调节池的池坡比宜小于 1：2，防渗结构设计可参考本指南第 6.2 节的相关规定。

（4）钢筋混凝土结构调节池池壁应作防腐蚀处理。

（5）调节池宜设置 HDPE 膜覆盖系统，覆盖系统设计应考虑覆盖膜顶面的雨水导排、膜下的沼气导排及池底污泥的清理。

5. 渗沥液处理

（1）渗沥液处理后的排放标准应达到现行国家标准《生活垃圾填埋场污染控制标准》GB 16889 规定的指标或当地环保部门规定执行的排放标准。

（2）渗沥液处理工艺应根据渗沥液的水质特性、产生量和达到的排放标准等因素，通过多方案技术经济比较进行选择。

（3）渗沥液处理宜采用"预处理＋生物处理＋深度处理"的工艺组合，也可采用"预处理＋物化处理"或"生物处理＋深度处理"的工艺组合。

（4）渗沥液预处理可采用水解酸化、混凝沉淀、砂滤等工艺。

（5）渗沥液生物处理可采用厌氧生物处理法和好氧生物处理法，宜以膜生物反应器法（MBR）为主。

（6）渗沥液深度处理可采用膜处理、吸附法、高级化学氧化等工艺，其中膜处理宜以反渗透为主。

（7）物化处理可采用多级反渗透工艺。

（8）渗沥液预处理、生物处理、深度处理及物化处理工艺设计参数宜按《生活垃圾卫生填埋处理技术规范》GB 50869—2013 附录 D 的规定取值。

（9）渗沥液处理中产生的污泥应进行无害化处置。

（10）膜处理过程产生的浓缩液可采用蒸发或其他适宜的处理方式。浓缩液回灌填埋堆体应保证不影响渗沥液处理正常运行。

（11）渗沥液处理相关设计要求详见本指南第 10 章。

6.3.3 运行管理要求

库区渗沥液水位应控制在渗沥液导流层内，应定期监测填埋堆体内渗沥液水位，当出现高水位时，应采取有效措施降低水位。

6.4 填埋气导排与利用系统

6.4.1 一般要求

（1）填埋场必须设置有效的填埋气体导排设施，严防填埋气体自然聚集、迁移引起的火灾和爆炸。

（2）当设计填埋库容大于或等于 2.5×10^6 t，填埋厚度大于或等于 20m 时，应考虑填埋气体利用。

（3）填埋场不具备填埋气体利用条件时，应采用火炬法燃烧处理，并宜采用能够有效减少甲烷产生和排放的填埋工艺。

（4）未达到安全稳定的老填埋场应设置有效的填埋气体导排设施。

（5）填埋气体导排和利用设施应符合现行行业标准《生活垃圾填埋场填埋气体收集处理及利用工程技术规范》CJJ 133 的有关规定。

6.4.2 技术（设计）要求

1. 填埋气体产生量

（1）填埋气体产气量估算宜按现行行业标准《生活垃圾填埋场填埋气体收集处理及利

用工程技术规范》CJJ 133 提供的方法进行计算。

（2）清洁发展机制（CDM）项目填埋气体产气量的计算，应按现行行业标准《生活垃圾填埋场填埋气体收集处理及利用工程技术规范》CJJ 133 的规定执行。

（3）填埋场气体收集率宜根据填埋场建设和运行特征进行估算。

2. 填埋气体导排

（1）填埋气体导排设施宜采用导气井，也可采用导气井和导气盲沟相连的导排设施。

（2）导气井可采用随填埋作业层升高分段设置和连接的石笼导气井，也可采用在填埋体中钻孔形成的导气井。导气井的设置应符合下列规定：

1）石笼导气井在导气管四周宜用 $d=20\sim80mm$ 级配碎石等材料填充，外部宜采用能伸缩连接的土工网格或钢丝网等材料作为井筒，井底部宜铺设不破坏防渗层的基础。

2）钻孔导气井钻孔深度不应小于填埋深度的 2/3，钻孔应采用防爆施工设备，并应有保护场底防渗层的措施。

3）石笼导气井直径（ϕ）不应小于 600mm，中心多孔管应采用高密度聚乙烯（HDPE）管材，公称外径（dn）不应小于 110mm，管材开孔率不宜小于 2%。

4）导气井兼做渗沥液竖向收集井时，中心多孔管公称外径（dn）不宜小于 200mm，导气井内水位过高时，应采取降低水位的措施。

5）导气井宜在填埋库区底部主、次盲沟交汇点取点设置，并应以设置点为基准，沿次盲沟铺设方向，采用等边三角形、正六边形、正方形等形状布置。

6）导气井的影响半径宜通过现场抽气测试确定。不能进行现场测试时，单一导气井的影响半径可按该井所在位置填埋厚度的 75%～150% 取值。堆体中部的主动导排导气井间距不宜大于 50m，沿堆体边缘布置的导气井间距不宜大于 25m，被动导排导气井间距不宜大于 30m。

7）被动导气井的导气管管口宜高于堆体表面 1m 以上。

8）主动导排导气井井口周围应采用膨润土或黏土等低渗透性材料密封，密封厚度宜为 1～2m。

（3）填埋库容大于或等于 1.0×10^6 t，垃圾填埋深度大于或等于 10m 时，应采用主动导气。

（4）导气盲沟的设置应符合下列规定：

1）宜用级配石料等粒状物填充，断面宽、高均不宜小于 1000mm。

2）盲沟中心管宜采用软管，管内径不应小于 150mm。当采用多孔管时，开孔率应保证管强度。水平导气管应有不低于 2% 的坡度，并接至导气总管或场外较低处。每条导气盲沟的长度不宜大于 100m。

3）相邻标高的水平盲沟宜交错布置，盲沟水平间距可按 30～50m 设置，垂直间距可按 10～15m 设置。

4）应与导气井连接。

（5）应考虑堆体沉降对导气井和导气盲沟的影响，防止气体导排设施阻塞、断裂而失去导排功能。

3. 填埋气体输送

（1）填埋气体输送系统宜采用集气单元方式将临近的导气井或导气盲沟的连接管道进

行布置。

（2）填埋气体输送系统应设置流量控制阀门，根据气体流量的大小和压力调整阀门开度，达到产气量和抽气量平衡。

（3）填埋气体抽气系统应具有填埋气体含量及流量的监测和控制功能，以确保抽气系统的正常安全运行。

（4）输送管道设计应符合下列规定：

1）设计应留有允许材料热胀冷缩的伸缩余地，管道固定应设置缓冲区，保证输气管道的密封性。

2）应选用耐腐蚀、伸缩性强、具有良好的机械性能和气密性能的材料及配件。

3）在保证安全运行的条件下，输气管道布置应缩短输气线路。

（5）填埋气体输送管道中的冷凝液排放应符合下列规定：

1）输送管道应设置不小于1%的坡度。

2）输送管道一定管段的最低处应设置冷凝液排放装置。

3）排出的冷凝液应及时收集。

4）收集的冷凝液可直接回喷到填埋堆体中。

4. 填埋气体利用

（1）填埋气体利用和燃烧系统应统筹设计，应优先满足利用系统的用气，剩余填埋气体应能自动分配到火炬系统进行燃烧。

（2）填埋气体利用方式和规模应根据填埋场的产气量及当地条件等因素，通过多方案技术经济比较确定。气体利用率不宜小于70%。

（3）填埋气体利用系统应设置预处理工序，预处理工艺和设备的选择应根据气体利用方案、用气设备的要求和污染排放标准确定。

（4）填埋气体燃烧火炬应有较宽的负荷适应范围以满足稳定燃烧，应具有主动和被动两种保护措施，并应具有点火、灭火安全保护功能及阻火器等安全装置。

6.4.3 运行管理要求

（1）填埋库区应按生产的火灾危险性分类中戊类防火区的要求采取防火措施。

（2）填埋库区防火隔离带宽度宜不小于8m。

（3）填埋场达到稳定安全期前，填埋库区及防火隔离带范围内严禁设置封闭式建（构）筑物，严禁堆放易燃、易爆物品，严禁将火种带入填埋库区。

（4）填埋场上方甲烷气体含量必须小于5%；填埋场建（构）筑物内甲烷气体含量严禁超过1.25%。

（5）进入填埋作业区的车辆、填埋作业设备应保持良好的机械性能，应避免产生火花。

（6）填埋库区应防止填埋气体在局部聚集。填埋库区底部及边坡的土层10m深范围内的裂隙、溶洞及其他腔型结构均应予以充填密实。填埋体中不均匀沉降造成的裂隙应及时予以充填密实。

（7）对填埋物中可能造成腔型结构的大件垃圾应进行破碎。

6.5　实践思考和建议

相比较其他处理设施，生活垃圾卫生填埋场工程和产品标准较为齐全，近年来对于规范生活垃圾卫生填埋场的设计、建设和运行管理起到了重要作用。在生活垃圾卫生填埋场运行过程中仍存在缺乏作业规划与计划、雨污分流欠缺等问题，信息化作业等尚缺乏标准指导。

鉴于国内大中型城市中，生活垃圾逐渐转移为以焚烧为主的现状，生活垃圾填埋场在特定情况下允许填埋飞灰、炉渣等惰性物料，下一步建议针对这一现状对原标准进行修订，或者补充专门的标准。

此外，生活垃圾填埋场常采用止水帷幕作为竖向污染防控手段，这一领域的产品标准尚有空缺。

第7章 厨余垃圾处理

厨余垃圾表示易腐烂的、含有机质的生活垃圾，包括家庭厨余垃圾、餐厨垃圾和其他厨余垃圾等。餐厨垃圾是指餐馆、饭店、单位食堂等的饮食剩余物以及后厨的果蔬、肉食、油脂、面点等的加工过程废弃物。家庭厨余垃圾是指家庭日常生活中丢弃的果蔬及食物下脚料、剩菜剩饭、瓜果皮等易腐有机垃圾。其他厨余垃圾是指菜场、集贸市场丢弃的果蔬、瓜果皮等易腐有机垃圾。

厨余垃圾产生量大且来源分散，具有较高的含水率、含油率和含盐量，组分复杂、易腐烂发臭，富含大量生物质能和微量元素。

厨余垃圾处理系统分为接收及储存、预处理、主处理、产品利用、渗沥液处理和臭气处理等系统，主处理系统目前以厌氧处理技术为主、好氧制肥处理为辅，厌氧处理占现有厨余垃圾处理项目的86%以上。

7.1 相关标准

GB/T 10595—2017 带式输送机

GB/T 10596—2011 埋刮板输送机

GB/T 12917—2009 油污水分离装置

GB 18452—2001 破碎设备 安全要求

GB/T 25727—2010 粮油机械 螺旋脱水机

GB/T 28056—2011 烟道式余热锅炉通用技术条件

GB/T 28057—2011 氧气转炉余热锅炉技术条件

GB/T 28739—2012 餐饮业餐厨废弃物处理与利用设备

GB/T 29488—2013 中大功率沼气发电机组

GB/T 30577—2014 燃气—蒸汽联合循环余热锅炉技术条件

GB/T 33934—2017 锤式破碎机 能耗指标

GB 50128—2014 立式圆筒形钢制焊接储罐施工规范

GB 50275—2010 风机、压缩机、泵安装工程施工及验收规范

GB 50601—2010 建筑物防雷工程施工与质量验收规范

GB/T 51063—2014 大中型沼气工程技术规范

CJ/T 227—2018 有机垃圾生物处理机

CJ/T 295—2015 餐饮废水隔油器

CJ/T 338—2010 生活垃圾转运站压缩机

CJ/T 460—2014 垃圾滚筒筛

CJ/T 478—2015 餐厨废弃物油水自动分离设备

QB/T 3670—1999 柱塞泵

JB/T 3263—2000 卧式振动离心机

JB/T 7043—2006 液压轴向柱塞泵

HJ/T 243—2006 环境保护产品技术要求　油水分离装置

JB/T 7014—2008 平板式输送机

JB/T 10855—2008 垃圾转运站设备

NY/T 1704—2009 沼气电站技术规范

CJJ 184—2012 餐厨垃圾处理技术规范

HJ 2024—2012 完全混合式厌氧反应池废水处理工程技术规范

JB/T 11246—2012 仓式滚筒翻堆机

JB/T 11247—2012 链条式翻堆机

NY 525—2012 有机肥料

NY 884—2012 生物有机肥

HJ 2013—2012 升流式厌氧污泥床反应器污水处理工程技术规范

JB/T 4333—2013 厢式压滤机和板框压滤机

JB/T 11379—2013 粪便消纳站　固液分离设备

NY/T 2374—2013 沼气工程沼液沼渣后处理技术规范

CJJ 52—2014 生活垃圾堆肥处理技术规范

HJ 2538—2014 环境保护产品技术要求　旋流除砂装置

JB/T 10520—2015 立轴锤式破碎机

JB/T 12578—2015 叠螺式污泥脱水机

CJ/T 499—2016 剪切式垃圾破碎机

CJ/T 506—2016 堆肥翻堆机

CJ/T 508—2016 污泥脱水用带式压滤机

JB/T 10669—2016 上流式厌氧反应器

NB/T 13007—2016 生物柴油（BD100）原料　废弃油脂

JB/T 13166—2017 餐厨垃圾自动分选系统 技术条件

JB/T 13170—2017 固液混合有机垃圾挤压制浆设备

JB/T 7679—2019 螺旋输送机

NY/T 1220.2—2019 沼气工程技术规范　第 2 部分：输配系统设计

餐厨垃圾处理厂运行维护技术规程（在编）

7.2　接收与储存

7.2.1　一般要求

厨余垃圾的接收与储存系统位于整个处理系统的最前端，需具备受料、滤水、废水收集和供料等功能。设备产品主要包括接收料斗、螺旋输送机或板式输送机、封闭罩壳、滤液收集罩、带孔壳体、驱动系统等。

7.2.2 技术（设计）要求

（1）接收与储存需要考虑足够的缓存容积和输送的通畅性，同时需考虑臭气的控制。《餐厨垃圾处理技术规范》CJJ 184—2012 中接收与储存的相关规定如下：

1）缓冲容器的容积应与厨余垃圾处理工艺和处理规模相协调。

2）厨余垃圾处理厂卸料口设置数量应根据总处理规模和厨余垃圾收集高峰期车流量确定。

3）卸料间受料槽应设置局部排风罩，排风罩设计风量应满足卸料时控制臭味外逸的需要。

4）厨余垃圾卸料间应设置地面和设备冲洗设施及冲洗水排放系统。

（2）接收和储存需考虑厨余垃圾的含水率高、易沥水的特性，《餐厨垃圾自动分选系统 技术条件》JB/T 13166—2017 提出了相关要求：系统设备驱动方式宜采用变频调速传动，设备应具有超载20％负荷启动的功能；设备应设置滤液收集槽，设备与厨余垃圾接触面的结构采用弧形板结构；若设备采用多轴螺旋输送机，应在壳体开孔，并设置滤液收集罩，开孔直径为8mm，开孔率大于35％。

《餐饮业餐厨废弃物处理与利用设备》GB/T 28739—2012 同时指出：厨余垃圾的处理设备搅拌轴与料仓连接的动密封和静密封应可靠耐用，料仓的进料口、出料口及其他连接部件应无漏料、漏油、漏水等现象。

7.2.3 施工要求

针对厨余垃圾接收与储存设备的安装，《餐厨垃圾自动分选系统 技术条件》JB/T 13166—2017 提出了相关要求：

（1）安装时焊缝部位以及破损的防腐涂层应进行补漆，达到原涂层的质量水平。

（2）安装前应检查运动部件是否转动灵活，如转动不灵活，应拆下进行检查或变更。

（3）所有螺栓应连接紧固，不允许有松动现象；设备安装有输送设备时，安装后应检查输送带的松紧情况，并进行张紧调整。

（4）各设备的转动部件应运转平稳，且不得与其他零件碰撞摩擦；负荷运转时，驱动装置不得有异常振动。

7.2.4 运行管理要求

《餐厨垃圾自动分选系统 技术条件》JB/T 13166—2017、《餐厨垃圾处理厂运行维护技术规程》（征求意见稿）均对于接收与储存设备运行过程中的臭气控制提出了相关要求：

（1）储存现场应保持通风、除尘、除臭设施设备完好。

（2）运输车卸料后，操作人员应及时对运输车和卸料间地面进行冲洗。

（3）厨余垃圾在暂存、缓冲容器的停留时间，夏季不宜超过 6h，冬季不宜超过 10h。

（4）卸料时同时启动通风、除尘和除臭系统，卸料间的通风换气次数不应小于 3 次/h。

7.3 预处理

7.3.1 一般要求

厨余垃圾通过预处理为后续厌氧消化处理或好氧生物处理工序完成备料，而厌氧消化处理备料与好氧生物处理备料的主要不同点为餐厨物料的含水率，前者是得到满足厌氧消化的浆料，后者则是满足好氧发酵一定含水率的固态散状物料，两者的预处理工艺基本相同。

厨余垃圾预处理系统主要包括破碎、筛分、制浆、挤压脱水、除砂除渣及油水分离等。现行国家标准《餐饮业餐厨废弃物处理与利用设备》GB/T 28739 指出，厨余垃圾处理设备运转应平稳，运动零部件的动作应灵敏、准确，设备的排气管路及其各连接部位应密封可靠，无漏油、漏水、漏气等现象。

7.3.2　技术（设计）要求

1. 筛分

在厨余垃圾处理中，通过筛分处理可实现杂物和有机物的有效分离。目前应用厨余垃圾处理的筛分机主要包括滚筒式筛分机、振动式筛分机和磁力分选机。

（1）滚筒式筛分机

滚筒式筛分机以筒形筛面绕其中心轴线作旋转运动，以完成筛分。滚筒筛分机在选择时需根据处理能力的不同选择不同的滚筒直径，主要性能参数见表7-1，具体要求应符合现行行业标准《垃圾滚筒筛》CJ/T 460 的规定。

滚筒筛主要性能参数　　　　　　　表 7-1

滚筒直径(mm)	滚筒长度(m)	滚筒转速(r/min)	处理能力(t/h)	破袋率(%)	筛分效率(%)	功率(kW)
1200	4~8	0~14.6	≥20			4.0~5.5
1600	5~9	0~14.8	≥42			5.5~7.5
1800	6~10	0~12.2	≥50	60~90	70~90	7.5~11.0
2000	8~11	0~13.7	≥63			11.0~15.0
2200	9~12	0~12.8	≥70			15.0~18.5
2500	10~15	0~12.6	≥84			18.5~22.0

（2）振动式筛分机

振动式筛分机利用厨余垃圾中固态干扰物与其他有机物粒度及附着性不同的原理，去除厨余垃圾中的固态干扰物（如塑料袋、桌布、筷子等）。振动筛分应根据物料性状及工艺需要选择适宜的孔径、筛面宽度等，《餐厨垃圾自动分选系统　技术条件》JB/T 13166—2017 针对振动筛的选择给出了以下规定：

1）振动筛分机两筛条之间的间隙控制在 50~200mm 为宜；筛面宽度应大于给料中最大物料尺寸的 2.5 倍；筛面长度为宽度的 2~3 倍为宜；筛条缝隙可选用可调的方式。

2）设备上罩处应设检查窗，设备与供料设备交汇处应设检修孔。

3）设备驱动电动机应为振动电动机，其驱动方式应选用变频驱动。

4）分选率不小于 90%。

（3）磁力分选机

磁力分选机是根据待分选物料中不同组分的磁性差异进行物料分离的设备，一般用于厨余垃圾处理中易拉罐等金属制品的分离回收。《餐厨垃圾自动分选系统　技术条件》JB/T 13166—2017 针对磁力分选机的要求做了如下说明：

1）磁力分选机下侧带式输送机传动滚筒、托辊、导料槽宜采用非磁性材料制作，以防止滚筒被磁化而影响磁选效果。

2）磁力分选机落料端一侧应设置接料斗，防止物料飞溅、散落，下部用接料箱集中收集物料。

3）磁选效率应不小于 95%。

4）磁体距物料表面高度应大于 8cm。

电磁分选机按需要可选择单滚筒或多滚筒形式，在运转中要考虑磁辊和电磁振动给料器的平稳性，有关部位需具有良好的密封性能，应满足《餐厨垃圾自动分选系统 技术条件》JB/T 13166—2017、《电磁筒式磁选机 技术条件》JB/T 6099—2011 的设计要求：

1）线圈的频率应为 50Hz，线圈的绝缘等级不应低于 B 级。

2）电磁分选机入料处应设保护筛网，防止大粒物料或异物进入；电磁分选机应有良好的密封罩，防止作业时粉尘逸出。

3）磁系可以转动必要的角度。

4）磁选机滚筒表面径向圆跳动不应大于 2.5mm；分料板的上边沿相对滚筒表面素段的平行度不应大于 4mm。

5）磁选机滚筒表面各工作区的磁场强度最高值不应低于 150kA/m。

2. 破碎

《餐厨垃圾处理技术规范》CJJ 184—2012 对厨余垃圾的破碎做了规定：

（1）厨余垃圾破碎工艺应根据厨余垃圾输送工艺和处理工艺的要求确定。

（2）破碎设备应具有防卡功能，防止坚硬粗大物质破坏设备。

（3）设备要便于清洗，停止运转后应及时清洗。

厨余垃圾破碎的粒度可根据后续处理工艺的不同有所不同，如采用湿式厌氧工艺，则需将厨余垃圾破碎至较小的粒度，以利于提高物料的流动性；厨余垃圾的黏性较大，易在表面粘连、结垢，因此要求破碎设备便于清洗、及时清洗，防止长期结垢造成清洗困难。适于垃圾的破碎设备主要有剪切式破碎机和锤式破碎机。此外，在厨余垃圾预处理中，也有具有筛分、破碎一体作用的设备应用。

剪切式破碎机的刀轴转速低，破碎比较大，对韧性物料破碎效果较好。要求负荷运转时给料位置正确，排料正常，出料粒度不大于 200mm。对于易缠绕的薄膜、纤维及塑料等废弃物的破碎可采用动力喂料装置，在喂料口应配备机械制动的敏感保护设备。剪切式破碎机主要技术参数要求可参考现行行业标准《剪切式垃圾破碎机》CJ/T 499。

锤式破碎机可实现大粒径物料的整个破碎作业过程，产品均匀，破碎比可达 40～80，生产能力高。现行国家标准《锤式破碎机 能耗指标》GB/T 33934 对不同类型的锤式破碎机界定了运行工况。立轴锤式破碎机基本性能参数要求可参考现行行业标准《立轴锤式破碎机》JB/T 10520。

《餐厨垃圾自动分选系统 技术条件》JB/T 131666—2017 规定了袋装分类收集的厨余垃圾的匀料破袋的技术要求：

（1）输送物料为厨余垃圾，料层控制高度宜不大于 200mm，且料层控制高度可调节。

（2）均匀拨料装置应具有扭矩大、拨料均匀、防缠绕等功能。

（3）传动宜选用硬齿面螺旋锥齿—斜齿轮轴装式减速机等高能效驱动装置；对于粒径大于 200mm 的袋装垃圾，破袋率不小于 80%。

3. 制浆

厨余垃圾的制浆主要包括破碎后的挤压制浆和生物水解后的挤压制浆。破碎后的挤压制浆：将厨余垃圾破碎到一定粒径再利用挤压机实现固相和液相分离的制浆工艺。生物水解后的挤压制浆：是指在常压条件下的生物水解反应器中，利用水力、机械和生物的作用，将厨余垃圾中的易降解有机质转化到液相中，再利用挤压机实现固相和液相分离的制浆工艺。生物水解反应器是一种卧式的、在轴向上设有缓慢搅拌轴的反应器，其结构示意图见图 7-1。

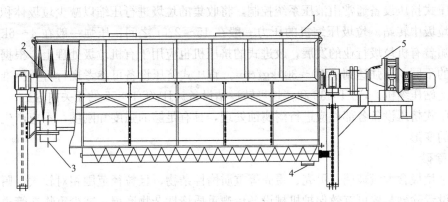

图 7-1 生物水解反应器结构示意
1—进料口；2—搅拌轴；3—固相出口；4—液相出口；5—电机

挤压设备是利用机械对物料施加挤压力、使物料能够进行固液分离的机械设备，应用于厨余垃圾处理的挤压设备主要包括螺旋式挤压机和直压式挤压机。

（1）螺旋式挤压设备

螺旋式挤压设备运行连续性能好、分离效率高，设备设计的两侧浮动式筛网结构可使固液相有效分离，防止筛网堵塞及损坏；设置的固料积存段，可起到固料出料前的聚集和密封作用；通过调节出料盘压力，实现连续性固液分离及出料；可根据不同作业状况的要求更换不同直径的筛网。设备工作中对物料的压榨力大且均匀，出渣口锥形体由液压缸或弹簧控制，调节油压或弹簧压力可改变对物料的施压效果。该部分内容可参考国家现行标准《粪便消纳站 固液分离设备》JB/T 11379 和《粮油机械 螺旋脱水机》GB/T 25727。

挤压制浆设备的技术与性能参数、出渣及浆液性能参数如表 7-2、表 7-3 所示，具体要求详见现行行业标准《固液混合有机垃圾挤压制浆设备》JB/T 13170。设备整机应为全密闭结构，应设有臭气收集口，螺旋叶片与螺旋轴轴线垂直，其角度偏差不大于 7°，两者间隙不大于 1mm；筛板厚度应不小于 8mm；挤压锥与挤压仓的间隙应采用气压或液压传动进行调整，且应有压力显示装置。

挤压制浆设备基本参数 表 7-2

型号	处理能力（m³/h）	电压（V）	主轴功率（kW）	转子转速（r/min）	进料粒径（mm）
YZJ-6-××	4～7	380	≤15	≤20	≤200
YZJ-10-××	7～12	380	≤30	≤20	≤200

挤压制浆设备进料、出渣及浆液性能参数　　　　　　表 7-3

含固率（质量分数）（%）		浆液粒径（mm）
进料	出渣	
0～10	≥20	≤10
10～20	≥30	
20～30	≥35	

（2）直压式挤压设备

直压式挤压设备通常由液压系统控制，将收集的垃圾进行压缩以减少垃圾体积，最初应用在垃圾中转站。垃圾压缩机的压力一般在 15～220t 之间，压强一般在 4～6kg/cm²。近年来随着有机垃圾行业的发展，改进式的挤压机也应用于有机垃圾处理上，根据后续处理工艺的不同，压强达到了 80～300kg/cm²。直压式挤压设备可参考现行行业标准《生活垃圾转运站压缩机》CJ/T 338 和《垃圾转运站设备》JB/T 10855 的相关内容。

直压式挤压设备各部件应进行耐腐蚀处理，具有足够的强度和刚度，不应产生影响使用性能的变形。

4. 除砂

厨余垃圾含大量玻璃、贝壳、蛋壳等重质惰性杂物，且粒径范围相对较大，厨余垃圾处理中设置除砂装置可有效保护机械设备免遭重质惰性杂物磨损，减少重物在管道、沟槽内的沉积，减少沉砂对后续资源化利用系统的影响。应用较为广泛的除砂装置主要包括重力沉砂装置、曝气沉砂装置和旋流除砂装置。

（1）重力沉降除砂

惰性重物质（如玻璃、陶瓷、砂石等）的密度和沉降速度远大于污水中易腐烂的有机物，重力沉降除砂装置通过平流式沉砂池或贮砂池来实现杂粒的沉降分离，其基本组成部分通常包括储砂斗、排砂管道、贮砂池。

重力沉砂装置构造简单，除砂效率好、投资费用低，但机械化程度低、清砂困难、人工劳动强度大。

（2）曝气除砂装置

曝气除砂设备是利用水流和曝气的双重作用使惰性重物与有机物分离，系统主要由容纳浆料的箱体、曝气装置、砂水分离器和螺旋输送装置等构成。曝气装置包括从入料口朝向出料口延伸的曝气管路，曝气管路上设置有交错、成角度排列的多个曝气口，以使待处理浆液从入料口朝向出料口呈螺旋状流动，以便高强度地除砂。

曝气沉砂装置的分离效果与供气量大小相关，曝气也会影响沉砂池中的水流条件及除砂效果，曝气沉砂池气水流量比一般为 0.1～0.2。通过设立隔板及预曝气，可提高有效沉淀时间，提升沉砂效果，工艺参数需根据实际进水条件控制。

（3）旋流除砂器

旋流除砂装置主要利用水力和机械助力控制水流流态和流速，并利用密度差和向心力原理，将污水中的惰性物质沉淀、分离。旋流除砂装置主要由传动结构、搅拌轴、叶轮、吸砂头或砂泵等部件构成。《环境保护产品技术要求　旋流除砂装置》HJ 2538—2014 指出，汽提排砂形式的搅拌轴应采用空心轴，泵吸排砂形式的搅拌轴可采用空心轴或实心轴；传送机结构应密封可靠，不得漏油，运行灵活、平稳、可靠、无异常噪声。该标准规定搅拌轴采用空心轴时的参数要求为壁厚不小于 8mm，叶轮直径在 1500mm 及以上时，叶片厚度不应小于 8mm；叶轮直径小于 1500mm 时，叶片厚度应不小于 6mm；叶片角度宜为 30°。

旋流式沉砂器的性能在现行行业标准《环境保护产品技术要求　旋流除砂装置》HJ 2538 中提出其主要由砂粒的去除效率决定。砂粒的粒径（Q）通常用等效直径来表示，$Q \geqslant 1mm$ 的砂粒去除效率不得低于 95%；$0.5mm \leqslant Q < 1mm$ 的砂粒去除效率不得低于 85%；$0.2mm \leqslant Q < 0.5mm$ 的砂粒去除效率不得低于 65%。

上述除砂装置的有关说明多适用于水处理领域，目前尚无有关厨余垃圾除砂装置相关标准。餐厨浆液黏度大、悬浮物浓度高，应通过实验和工程验证对其参数进行适当放大。

5. 油水分离

油脂提取是餐饮垃圾预处理过程中的重要环节。油水分离设备主要应用在餐饮饭店、地沟油收集以及餐饮浆液中的油脂提取，不同应用领域对油水分离设备的要求不同。

（1）对于酒店、饭店、食堂、家庭厨房等含动植物油脂的废水，可采用油水分离器收集废弃食用油脂。《餐饮废水隔油器》CJ/T 295—2015 提出隔油器分为 8 个部分，即固液分离区、油水分离区、浮油收集装置、残渣浓缩装置、微气泡发生器、电加热装置、带锁扣的集油桶和提升装置，长方形隔油器示意如图 7-2 所示。

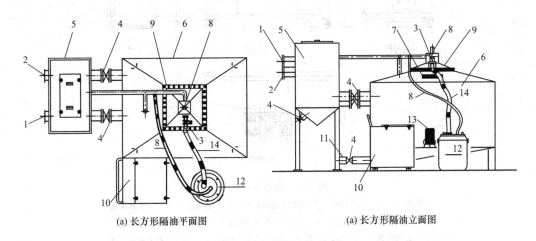

(a) 长方形隔油平面图　　(a) 长方形隔油立面图

图 7-2　长方形隔油器示意

1—进水管；2—出水管；3—电动阀；4—阀门；5—固液分离区；
6—油水分离区；7—电加热装置；8—通气管；9—检修孔；10—残渣浓缩装置；
11—放空管；12—集油桶；13—微气泡发生器；14—排油管

该类油水分离器需要考虑处理效率、集油桶的安全性及提油后剩余废水的排水能力，《餐饮废水隔油器》CJ/T 295—2015 给出了相关规定：

1）固液分离区设 30mm 和 20mm 的两级格栅（网孔）；餐饮废水在固液重力分离区停留时间不小于 2min，沉降分离有效水深为 0.4~0.6m，宜设为锥斗状，重力排泥；油水分离区应设气浮装置，气水比宜为 1:4~1:6；餐饮废水油水分离区停留时间不宜少于 3min；浮油收集装置区域控制在 20~60℃；浮油收集装置应能有效分离浮油和废水并采用液压方式排油；设备的油水分离区应设检修孔，尺寸宜为 600mm×600mm；残渣浓缩装置容积为 150～300L，具有脱水功能，结构密闭。

2）集油桶容量宜为 60～100L，应设置双锁结构或其他限制随意开启的安全装置，宜具备可视液位的功能。

3）提升装置排水能力应与隔油器处理水量相一致，提升装置应设有自动运行和故障报警功能；备用水泵排水能力不应小于最大一台工作泵流量。

（2）对于统一收集的地沟油、煎炸老油等废弃食用油脂的油水分离，应首先进行预处理除杂，再进入后续的餐饮垃圾油脂分离系统。现行行业标准《餐厨废弃物油水自动分离设备》CJ/T 478—2015 指出餐厨废弃油水分离设备应设置进料口、进料格栅、绞龙毛刷、固液分离腔、油水分离腔、电控箱、万向轮、排油装置、出油出渣口、出渣口密封装置、排水口、排泥口、加热装置、标准垃圾桶、专用油桶，且主体设备和专用油桶均应有电子身份识别系统，设备如图 7-3 所示。

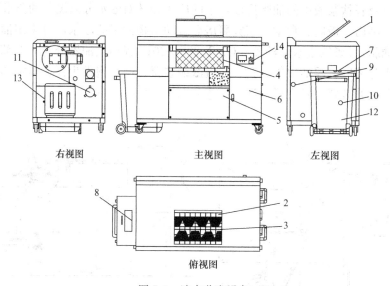

右视图　　　　　　　　主视图　　　　　　　左视图

俯视图

图 7-3　油水分离设备

1—进料口；2—进料格栅；3—绞龙毛刷；4—固液分离腔；5—油水分离腔；

6—电控箱；7—出渣口；8—出渣口密封装置；9—排水口；10—排泥口；

11—加热装置；12—标准垃圾桶；13—专用油桶；14—电子身份识别系统

该类油水分离设备应从规模化处理的角度考虑设备的配置，《餐厨废弃物油水自动分离设备》CJ/T 478—2015 给出了相关的规定：

1）隔油设备应具有初滤分流功能和杂物分离工程；隔油箱内应设有淤泥排水泵、防溢换气管路接口。

2）进水口、排水口应分别设有止回阀；放油口应设加热装置，通过加热融脂保证油脂正常排出，油脂分选率不少于 90%；设备运行时，应根据设置的温度范围自动启停加热装置。

3）固液分离腔内应设有螺旋推送器和不锈钢格栅（格栅应小于 6mm），不锈钢格栅应具备防堵塞及自清洁功能，保证长时间使用不发生堵塞，应能自动将餐厨废弃物中的固液进行分离，进料口应设置大块干扰物排除功能，保护螺旋装置正常运行，分离后的油脂和污水流入油水分离腔，固液分离腔中分离出来的固体废弃物应能自动输送进废渣桶。

（3）对于统一收集的餐饮垃圾的油脂提取，通常需对经过预处理除杂后的餐厨混合浆液进行高温蒸煮（70～80℃），再泵送至三相离心机转鼓，在高速旋转所产生的离心力作用下，渣、水、油三相因存在密度差产生分层，实现离心机对物料的连续分离。三相分离系统优势明显，可实现餐厨有机浆液中油脂的高效提取与回收利用。《餐厨垃圾处理技术规范》CJJ 184—2012 指出，对于厨余垃圾的油脂分离收集效率应大于 90%。

针对餐厨浆液的三相提油目前尚无相关行业及国家标准。

6. 物料输送

餐厨物料在处理单元之间的输送设备主要包括泵送设备、螺旋输送机、平板式输送机和刮板输送机等。

（1）泵送设备

泵送设备用于输送在一定含水率范围内的适合于容积式泵泵送的物料，利用物料一定的流动性及容积式泵的压力通过管道达到输送物料的目的。泵送设备输送物料节省布置空间，可靠性高，通常选用柱塞泵输送餐厨物料。柱塞泵按驱动方式可分为机械式、液压式，按工作缸的数量可分为单缸、双缸和多缸。

柱塞泵的直径、行程、最大工作压力、最大流量等基本参数应符合《柱塞泵》QB/T 3670—1999，该标准规定：柱塞泵的容积效率不得低于 99%，其运动部位应灵活可靠、润滑良好。柱塞泵的排量、容积效率、总效率、自吸能力等性能要求应符合现行行业标准《液压轴向柱塞泵》JB/T 7043。

（2）螺旋输送机

《餐厨垃圾处理技术规范》CJJ 184—2012 指出，采用螺旋输送机输送厨余垃圾时，应考虑输送物料的通畅性和抗堵塞性，该规范规定了下列要求：

1）螺旋输送机的转速应能调节。

2）螺旋输送机应具有防硬物卡死的功能。

3）应具有自清洗功能。

螺旋输送机截面积的选取应符合《螺旋输送机》JB/T 7679—2019 的相关要求：螺旋输送机料槽内的螺旋体几何轴线下的中间轴承截面积，应不超过螺旋几何轴线下料槽有效面积的 25%。

（3）板式输送机

板式输送机主要由驱动机构、张紧装置、牵引链、板条、驱动及改向链轮、机架等部分组成，由输送链与台板构成的链板装置，按两相邻支撑滚的许用载荷，分为轻型、中型、重型三种形式。《平板式输送机》JB/T 7014—2008 指出，输送机主要部件应保证装拆方便，维修简单，易损件易于更换，所有轴承部件便于加油润滑。具体要求如下：

1）平板输送机在超载 15% 的条件下能正常启动运行，具有过负荷自动保护功能。

2）采用并联式驱动装置，在带传动一端应有安全防护措施。

3）主轴上相邻两链轮同侧齿廓的位置度公差为 2mm；输送速度应满足工艺中对于物料输送量的要求。

4）输送机轨道纵向直线度公差为 1.5/1000，6m 长度内应不大于 3mm。

（4）带式输送机

《餐厨垃圾处理技术规范》CJJ 184—2012 指出，采用带式输送机输送厨余垃圾时应考虑密闭性，应符合下列要求：

　　1）应有导水措施，防止污水横流。

　　2）带式输送机上方应设密封罩，并对密封罩实施机械排风。

　　3）设有人工分拣工位的带式输送机的移动速度宜为 0.1～0.3m/s。

带式输送机整机应运转平稳，所有辊子应运转灵活。带式输送机的带宽、带速、滚筒直径等基本参数应符合现行国家标准《带式输送机》GB/T 10595 的规定，带式输送机运行时，带速不应小于额定带速的 95%，输送量不应低于额定值。

　　（5）刮板输送机

埋刮板输送机适用于输送经分选、脱水后的厨余垃圾散状固体物料，其结构主要由刮板链条、头部、尾部、输送机壳体、回转段、安全辅助装置等构成。现行国家标准《埋刮板输送机》GB/T 10596 指出，埋刮板输送机可连续输送散体物料，且该类输送机能水平、垂直或倾斜布置。

埋刮板输送机主要整机性能应符合现行国家标准《埋刮板输送机》GB/T 10596 的相关要求。主机运行应平稳，无刮、卡、碰现象及异常噪声；刮板链条运行方向应与规定方向一致，进入头轮时应啮合正确，离开头轮时不应出现卡链、跳链现象；尾部张紧装置、安全辅助装置应反应灵敏，动作准确可靠。此外，承载机槽高度也应符合该标准的相关规定。

7.3.3　施工要求

厨余垃圾处理专用设备应由设备生产商根据设备技术说明书和技术文件负责安装或现场指导安装和设备调试，同时要有设备调试及试运行记录资料；设备在规定程序下调试运转的过程中，应正常、连续和平稳，不应有卡滞、干涉和无响应、无显示现象和无异常声响，调试不满足设计要求的不得通过设备验收，电气系统和仪表控制系统均需安装调试合格。

处理设备还应考虑结合面的严密性，不应有漏灰现象，设备接触餐厨物料部分应考虑耐腐蚀性处理；应设有过载保护装置，在控制系统中应设声光自动报警装置。

厨余垃圾处理量和各项技术参数均应达到设计要求；厨余垃圾处理厂竣工验收前，严禁处理生产线投入使用。

7.3.4　运行管理要求

　　（1）厨余垃圾处理厂应建立各种机械设备、仪器仪表使用、运行、维护、监测管理制度和技术档案资料，并应通过计算机控制系统和信息化管理系统，真实、客观记录全厂设备、设施、工艺及生产运行参数、化验结果、材料库存与消耗、备品备件等。此外，应每天检查卸料门、卸料防撞、防坠落、防滑、防火等设施，以及指示灯、警示牌、事故照明灯等，确保其状态良好、工作正常。

　　（2）厨余垃圾处理厂的安全生产应符合国家现行有关标准，设备应按使用说明书要求开机、运行和停机；设备应保持整洁，应无臭气外溢和无跑、冒、滴、漏等现象，现场每日工作完毕后应对部分专有设备，如分选、破碎制浆等设备进行清洗，防止物料卡塞；破碎制浆设备带负荷运行前还应进行空载试车；重要专用设备，如破碎机的传动部件，应有安全防护装置，破碎设备应符合现行国家标准《破碎设备 安全要求》GB 18452 的有关安全性规定。

（3）破碎浆化后的物料粒径应满足后续主处理工艺的技术要求，《餐厨垃圾处理技术规范》CJJ 184—2012 指出，厌氧消化前厨余垃圾破碎粒度应小于 10mm，并应混合均匀。

《餐厨垃圾处理厂运行维护技术规程》（征求意见稿）针对厨余垃圾处理厂的预处理系统杂质分选、破碎制浆和油脂提取单元的要求做了相关说明：

1）对于杂质分选预处理系统：当采用人工分选时粗大杂质分选率应不小于 90%，设备分选的不可生物降解杂质分选率应不小于 95%，除砂率应不小于 90%，有机物损失率应不大于 5%；清除的杂物宜经压榨后含水率不大于 60%。

2）对于油脂提取预处理系统：液相油脂提取率应大于 95%，当同时采用固相油脂提取时提取率应大于 90%。

（4）餐厨预处理设备的运行应符合《餐厨垃圾自动分选系统 技术条件》JB/T 13166—2017 的有关规定：分选设备无故障工作时间不应少于 1000h，整机使用寿命不少于 10 年；均料破袋设备在运转中轴承部位不应有异常的噪声，轴承座不应漏油；主机轴承和减速器温升不应超过 40℃，最高工作温度不应超过 80℃。

设备出现异常情况应立即停机排出故障，运行中若因物料阻塞而造成停车，应立即关闭电动机，将物料消除后方可再次启动；停机前应首先停止加料工作，待设施内被粉碎物料完全排除后，方可关闭电动机。

（5）处理后的杂物应统一打包压缩后进行卫生填埋或其他无害化资源化处理；应对提取的油脂进行妥善处理和利用，如对外销售或深加工生产生物柴油，生物柴油的质量技术要求、运输及储存方式应符合现行行业标准《生物柴油（BD100）原料 废弃油脂》NB/T 13007，严禁用于生产食用油或食品加工。

7.4 厌氧消化

7.4.1 一般要求

经过预处理后的厨余垃圾有机浆液一般采用厌氧消化处理，主要包括厌氧消化反应器、沼渣脱水设备、沼气存储设备、沼气发电机组。

7.4.2 技术（设计）要求

1. 厌氧消化

厌氧反应器通常设置进料管、出料管、排泥管、安全放散、集气管、检修人孔和观察窗等附属设施及附件。厨余垃圾厌氧消化反应器应有良好的防渗、防腐、保温和密闭性，在室外布置的应具有耐老化、抗强风雪等恶劣天气的性能。

国家现行标准《大中型沼气工程技术规范》GB/T 51063 和《沼气工程技术规范 第1部分：工程设计》NY/T 1220.1 对厌氧反应器进行了规定，厌氧消化器个数以大于或等于 2 个为宜，根据不同工艺按串联或并联设计；设计流量宜按发酵原料最大月日平均流量计算；应根据小时进料量计算进出管管径、进料设备参数及加热料液到设计温度所需要的热量等；设置加热保温装置时，总需热量应考虑冬季最不利工况，按下式计算：

$$Q = Q_1 + Q_2 + Q_3$$

式中：Q——总需热量（kJ/h）；

   Q_1——加热料液到设计温度所需要的热量（kJ/h）；

   Q_2——保持消化器发酵温度所需要的热量（kJ/h）；

   Q_3——管道散热量（kJ/h）。

厨余垃圾的厌氧消化工艺和厌氧消化器应根据厨余垃圾原料特性、采用热源形式、发酵时间、进料方式、进料条件以及当地的条件经过技术经济比较后确定。厌氧消化处理根据物料含固率的不同可选择干式厌氧或湿式厌氧；一般运行方式可采用中温厌氧消化或高温厌氧消化，中温温度以 35～38℃ 为宜，高温温度以 50～55℃ 为宜；进料方式可采用连续进料或批次进料方式，进料按相对稳定的量和周期进行。

（1）干式厌氧

《餐厨垃圾处理技术规范》CJJ 184—2012 指出：当消化物的含固率为 18%～30%，可采用干式厌氧工艺。

干式厌氧反应器依照反应器外形可分为立式厌氧反应器和卧式厌氧反应器，依照搅拌方式分为气体搅拌和机械搅拌，卧式机械厌氧反应器的搅拌轴分为径向和轴向两种。物料在干式厌氧中的停留时间在 20d 以上。

目前，干式厌氧反应器在厨余垃圾处理中应用的案例较少，缺乏相关的设备和技术标准。

（2）湿式厌氧

《餐厨垃圾处理技术规范》CJJ 184—2012 指出：当消化物的含固率为 8%～18%，可采用湿式厌氧工艺。

全混式厌氧反应器（CSTR）和升流式厌氧反应器（USR）可处理高悬浮固体含量的有机废水，有机物去除率较高，适用于厨余垃圾废水处理和沼气生产、发电工程。全混式厌氧反应器内物料分布均匀，避免分层状态，可增加底物与微生物的接触机会，避免浮渣结壳、堵塞、气体逸出不畅和沟流现象。升流式厌氧反应器流态上为升流式，厌氧系统具有较强的耐冲击负荷，处理量相对较大，且具有较高的有机物降解率，可实现系统稳定运行，适合处理高固体含量（TS≥5%）的有机废液。

1）全混式厌氧反应器（CSTR）一般采用立式圆柱形，有效高度 6～12m；可采用一级消化或两级消化，有效容积应根据水力停留时间或容积负荷确定；反应器采用机械搅拌时，搅拌器宜设置在厌氧消化器顶部，搅拌器的半径应根据罐体尺寸、料液性质等确定，搅动半径宜为 3～6m；采用沼气搅拌时，厌氧消化器内应设置配气环管，且配气环管应均匀布置。

2）升流式厌氧固体反应器（USR）罐体宜为圆柱形，容积应根据容积负荷确定，容积负荷应根据原料种类、特性、要求处理程度以及消化温度等因素确定；反应器的进料由底部配水系统进入，宜采用多点均匀布水；反应器的出料宜通过液面的出水堰溢流出池外，出水堰应设置挡渣板；反应器每周排泥 1 次，每次排泥量为有效池容量的 0.5%～1%。

全混式厌氧消化器（CSTR）、升流式固体反应器（USR）和高浓度推流式反应器（HCPF）的设计参数可依据现行国家标准《大中型沼气工程技术规范》GB/T 51063，主要设计参数如表 7-4 所示。

厌氧消化器的设计参数　　　　　　　　　　　表 7-4

消化器类型		CSTR	USR	HCPF
进料条件	TS（%）	6~12	≤6	10~15
	SS（mg/L）	—	—	—
设计参数	高径比	1:1	>1:1	长径比≥4:1
	有效水深（m）	不限	不限	—
	上升流速（m/h）	不限	不限	—
是否带搅拌装置		是	否	是
是否带布料装置		否	是	否
出料装置		顶部溢流	顶部溢流	顶部溢流

2. 沼渣脱水

沼渣脱水设备主要有叠螺脱水机、带式压滤机、卧式振动离心机和板框压滤机四类，设备应实现稳定运转，并设置臭气收集口。

（1）叠螺脱水机

叠螺脱水机由主机、供给系统、絮凝混合系统、控制系统等组成，其中脱水主机由多片碟片和螺旋挤压轴等组成，达到充分脱水目的。主机结构示意如图 7-4 所示。

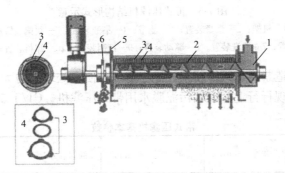

图 7-4　叠螺脱水机主机结构示意

1—投入部；2—挤压轴；3—固定板；4—可动板；5—挤压板；6—排出部

按挤压轴直径、主机数量及单台主机单位时间内绝干处理量选择叠螺式脱水机的规格。根据现行行业标准《叠螺式污泥脱水机》JB/T 12578 选择设计参数，主要参数见表 7-5。

叠螺式污泥脱水机的规格　　　　　　　　　　表 7-5

规格型号	挤压轴直径（mm）	单台主机单位时间内绝干污泥处理量（kg/h）	备注
MD-H(T)-10-N	75-125	≥3.0	
MD-H(T)-15-N	126-175	≥4.5	
MD-H(T)-20-N	176-225	≥9.0	
MD-H(T)-25-N	226-275	≥13.5	主机数量乘以单台处理量即为相应型号整机污泥处理量
MD-H(T)-30-N	276-325	≥27.0	
MD-H(T)-35-N	326-375	≥40.0	
MD-H(T)-40-N	376-425	≥80.0	

（2）带式压滤机

带式压滤机主要由机架、驱动、滤带、张紧、纠偏、清洗、集液、布料、卸料、控制和辊子等装置组成，可使浓缩污泥达到最大程度的泥、水分离，最后形成滤饼排出。带式压滤机的结构示意如图7-5所示。

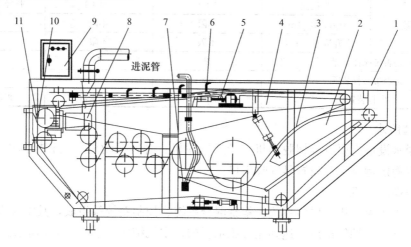

图7-5 带式压滤机结构形式示意

1—机架；2—张紧装置；3—滤带；4—集液装置；5—纠偏装置；

6—布料装置；7—清洗装置；8—驱动装置；9—控制装置；10—卸料装置；11—辊子

带式压滤机的构造紧凑、式样新颖、操作管理方便，处理能力大、滤饼含水率低，效果好，基本参数参见现行行业标准《污泥脱水用带式压滤机》CJ/T 508，如表7-6所示。

带式压滤机基本参数 表7-6

处理能力（干污泥）（kg/h）	滤带宽度（mm）	滤带速度（m/min）	滤饼含水率（%）	滤液含固量（mg/L）
75~100	500			
150~200	1000			
225~300	1500	1.5~7.5	≤80	<3000
300~400	2000			
375~500	2500			
450~600	3000			

（3）卧式振动离心机

卧式振动离心机可用于粒状物料的脱水，其是利用高速旋转的转鼓产生离心力把悬浮液中的固体颗粒截留在转鼓内并在力的作用下向机外自动卸出；在离心力作用下，悬浮液中的液体通过过滤介质、转鼓小孔被甩出，达到液固分离过滤的目的。

卧式振动离心机主要用于粒度0~13mm的粒状物料等。依据现行行业标准《卧式振动离心机》JB/T 3263，橡胶弹簧不得沾染油脂；偏心块上下方向相反，左右对称，上下偏心块侧面应在一个平面内，两偏心块与主轴的间隙应一致；筛篮与机壳的间隙应一致，筛篮动不平衡力矩允差为0.048N·m，筛座动不平衡力矩允差为0.075N·m。基本参数如表7-7所示。

卧式振动离心机基本参数　　　　　表 7-7

名称型号	筛网大端内径 (mm)	分离因素 (大端内径)	电动机功率 (kW)	入料粒径 (mm)	处理量（t/h)	产品外在水分 (%)
TWZ-1000	1000	70～100	22	0～13	50～100	7～9
TWZ-1150	1150	70～100	37～45	0～13	80～150	7～9
TWZ-1300	1300	70～100	45～55	0～13	100～200	7～9

注：1. 电动机功率是指主电动机功率。
2. 产品外在水分是指入料中 0.5mm 以下粒级含量不超过 10% 的情况下的指标。
3. 产品外在水分、处理量与物料的性质、平均粒度和 0.5mm 以下粒级含量有关。

（4）板框压滤机

板框压滤机用于固、液分离，主要由滤板、滤框和滤布构成，除板框压滤机主机外，还应有进泥系统、投药系统、高压冲洗系统和压缩空气系统。

板框压滤机的控制系统、压紧装置、滤板移动装置、滤布清洗装置、卸料装置等工作应灵活、可靠，整机设计应考虑严密性和紧实性，其设计要求应依据《厢式压滤机和板框压滤机》JB/T 4333—2013：

1）板框压滤机的过滤压力一般为 0.4～0.6MPa（约为 4～6kg/cm²），过滤周期不大于 4h；以 1.25 倍的过滤压力进行水压试验，在该压力下保持 5min，压紧面处应无喷射现象，压紧面处允许存在因过滤介质的毛细作用面产生的渗滤现象，其他密封处无泄漏；以 1.25 倍的压紧压力压紧 5min，压滤机的各受压零部件应无裂纹和明显变形。

2）金属滤板、滤框间在不加任何衬垫物的情况下，经压紧压力压紧后的间隙规定：滤板尺寸<1000mm×1000mm 的压滤机不大于 0.25mm；滤板尺寸≥1000mm×1000mm 的压滤机不大于 0.35mm。

3）装有无端过滤带的压滤机，在工作速度下滤带的跑偏量应不大于 30mm。

4）每台过滤机可设污泥压入泵 1 台，泵宜选用柱塞式。

5）压缩空气量为每 1m³ 滤室不小于 2m³/min（按标准工况计）。

6）金属滤板、滤框其同一块板或框两密封面间的厚度差如表 7-8 所示。

金属滤板、滤框其同一块板或框两密封面间的厚度差（mm）　　表 7-8

滤板尺寸	≤400	>400～630	>630～1000	>1000～2500
厚度差	≤0.10	≤0.12	≤0.15	≤0.2

3. 沼气脱硫

厌氧消化过程产生的沼气主要成分为 CH_4、H_2S，其中微量的 H_2S 会对设备、管道产生腐蚀。《沼气工程技术规范　第 2 部分：输配系统设计》NY/T 1220.2—2019 和《大中型沼气工程技术规范》GB/T 51063—2014 要求：燃气中 H_2S 的质量浓度应≤20mg/m³，沼气脱硫宜采用生物脱硫、干法脱硫或者湿法脱硫，当一级脱硫后的沼气质量不能满足要求时，应采用两级脱硫，第二级宜采用干法脱硫。沼气脱硫方案设计应根据沼气中 H_2S 的含量和要求去除的程度，作技术经济分析后确定。

（1）湿法脱硫设备

沼气湿法脱硫的工艺设计应符合《沼气工程技术规范　第 2 部分：输配系统设计》

NY/T 1220.2—2019 的规定：沼气湿法脱硫宜采用氧化再生法，并应采用硫容量大、副反应小、再生性能好、无毒和原料来源较为方便的脱硫液。

（2）干法脱硫设备

沼气干法脱硫装置应设置在脱水装置的后端，宜在地上架空布置，还应设置备用设备，前后设置阀门和预留检测口；其进出气管可采用上进下出或下进上出方式，每台脱硫装置应具有独立的放散管和沼气安全泄压设备。罐（塔）体床层则应根据脱硫量设计为单床层、双床层或多床层。

沼气干法脱硫的工艺设计和性能要求应符合《大中型沼气工程技术规范》GB/T 51063—2014 和《沼气工程技术规范　第 2 部分：输配系统设计》NY/T 1220.2—2019 的有关规定：

1）脱硫剂宜采用氧化铁，空速宜为 200～400h^{-1}，其更换时间应根据脱硫剂的活性和装填量、沼气中 H$_2$S 含量和沼气处理量来确定。

2）沼气首次通过脱硫剂每米床层时的压力降应小于 100Pa。

3）应控制好颗粒状脱硫剂和粉状脱硫剂的装填高度，前者每层宜为 1.0～1.4m，后者宜采用分层装填，每层高度宜为 300～500mm。

4）脱硫剂在空气中的再生温度宜控制在 70℃ 以下，并利用碱液或氨水将 pH 调整为 8～9。

5）脱硫剂在塔内再生时应设置进空气管，在线再生时，宜配备在线氧监控系统。

6）脱硫塔的操作温度应为 25～35℃。

7）脱硫剂的反应温度应控制在生产厂家提供的最佳温度范围，要有相应的保温防冻或降温措施。

（3）生物脱硫设备

生物脱硫系统应设置生物脱硫塔、循环水箱、循环泵、鼓风机、排渣泵和加药泵等，循环水箱内则应设置温度传感器及加热装置。生物脱硫装置的脱硫效果应满足工艺要求，《大中型沼气工程技术规范》GB/T 51063—2014 对沼气生物脱硫的工艺设计作了规定：

1）生物脱硫应设置在脱水装置的前端，脱硫装置还应设置备用设备，前后设置阀门和预留检测口。

2）沼气管路宜设置氧含量在线监测系统，并应与风机联动，沼气中的余氧含量应小于 1%。

3）生物脱硫所需的营养液要满足脱硫菌群生存的要求，以达到脱硫效果。

4. 沼气储存

（1）沼气气柜

膜式气柜应由气柜本体、气柜稳压系统、泄漏检测系统、气量检测系统、超压放散装置等组成，沼气宜采用低压储存，气柜的选择应根据用户性质、供气规模、用气时间、供气距离等因素，并经技术经济比较后确定。

沼气储存容积应能满足用气的均衡性，《大中型沼气工程技术规范》GB/T 51063—2014 和《沼气工程技术规范　第 2 部分：输配系统设计》NY/T 1220.2—2019 对沼气储存设计作了规定：

1）独立式膜式气柜宜采用 3/4 球冠或半球形，一体化膜式气柜形状宜为半球形或 1/4

球冠。

2）设置基础应密实、平整，坡度不应小于 0.02，且坡向排水管。

3）进出气管路应安装凝水器，管道应坡向凝水器，其坡度不应小于 0.003。用于提纯压缩时，储气容积宜按日用气量的 10%～30%确定。

4）沼气发电机组连续运行时，储气装置的容量按照运行机组总额定功率大于 2h 的用气量设计；或储气容积宜按发电机日用气量的 10%～30%确定。

5）低压储气可采用湿式储气柜或干式储气柜储气，可采用直立升降式或螺旋升降式。低压湿式储气柜储气压力宜设计为 2000～5000Pa，当有特殊要求时，也可为 6000～8000Pa；可选用稀油密封、润滑油密封或橡胶夹布密封干式储气柜。

6）高压储气柜可采用圆筒形或球形，有效储气量按下式计算：

$$V_B = V_C(P - P')T_B/(P_B T)$$

式中：V_B——有效储气量（m^3）；

V_C——高压储气柜的几何容积（m^3）；

P，P'——最高、最低使用绝对压力（MPa）；

P_B——标准状态下压力（MPa）；

T_B——标准状态温度（K）；

T——使用温度（K）。

7）湿式气柜或膜式气柜与站内主要设施的防火间距，以及带储气膜的厌氧消化器与站内主要设施的防火间距均应符合表 7-9 的规定，干式气柜与站内主要设施的防火间距应按表 7-9 的规定增加 25%；带储气膜的厌氧消化器与气柜之间的防火间距不宜小于相邻设备较大直径的 1/2；同时泄漏监测系统中的甲烷浓度传感器宜安装在外膜内侧顶部，并应将报警信号远传至控制室。

湿式气柜或膜式气柜与站内主要设施的防火间距（m）　　　　　表 7-9

主要设施		总容积 V（m^3）	
		$V \leqslant 1000$	$V > 1000$
净化间、沼气增压机房		≥10	≥12
锅炉房		≥15	≥20
发电机房、监控室、配电间、化验室、维修间等辅助生产用房		≥12	≥15
粉碎间		≥20	≥25
泵房		≥10	≥12
管理及生活设施用房		≥18	≥20
站内道路（路边）	主要道路	≥10	
	次要道路	≥5	

8）火炬或放散口与站外建（构）筑物的防火间距应符合现行国家标准《城镇燃气设计规范》GB 50028 的相关规定；火炬或放散口与站内主要设施的防火间距应符合表 7-10 的规定，封闭式火炬与站内主要设施的防火间距应按表 7-10 的规定减少 50%。

火炬或放散口与站内主要设施的防火间距		表 7-10
主要设施		防火间距（m）
厌氧消化器组		≥20
湿式气柜或膜式气柜总容积 V（m³）	V≤1000	≥20
	V＞1000	≥25
干式气柜总容积 V（m³）	V≤1000	≥25
	V＞1000	≥32
净化间、沼气增压机房		≥20
锅炉房		≥25
发电机房、监控室、配电间、化验室、维修间等辅助生产用房		≥25
粉碎间		≥30
泵房		≥20
管理及生活设施用房		≥25
秸秆堆料场		≥30
站内道路（路边）		≥2

（2）增压风机

当沼气压力不满足要求时，应设置沼气专用增压风机，增压风机应符合《大中型沼气工程技术规范》GB/T 51063—2014 的规定：

1）增压风机应安装在单独的增压间内，增压机前应设置缓冲装置，沼气在缓冲装置内停留时间不应少于 3s，缓冲装置应设置切断阀和上、下限位报警装置。

2）增压风机并联工作台数超过 3 台，其中 1 台应为备用。

3）增压风机流量应按用户小时最大用气量确定，压力应按用户需要的最高压力和增压风机出口至用户之间的最大阻力之和确定。

4）每台增压机的出口管道上应设置止回阀；增压机组的出口总管道和入口总管道间应设置回流管道；出口总管道处应设置阻火器。

5. 沼气发电机设备

沼气发电机组由以沼气为燃料的往复式内燃机、交流发电机、控制装置和辅助设备组成。

沼气发电机组余热锅炉是为了回收燃烧沼气的发电机组烟气余热而设计制造的高效余热利用装置，利用可燃物质燃烧后产生的热量把水加热到一定工质。现有标准主要涵盖烟道式余热锅炉、氧气转炉余热锅炉、生活垃圾焚烧余热锅炉等。

（1）沼气发电机组

沼气发电机组的设计应与沼气产量匹配，同时关注发电效率，《中大功率沼气发电机组》GB/T 29488—2013 规定了沼气发电机组的相关技术要求。

1）沼气质量应符合下列要求：

① 低热值不低于 14MJ/Nm³（相当于甲烷体积分数不低于 30％）。

② 温度不高于 50℃。

③ 发电机组用沼气品质需符合表 7-11 的规定。

发电机组用沼气品质					表 7-11
甲烷体积含量（%）	硫化氢（mg/Nm³）	氯氟化物（mg/Nm³）	氨（mg/Nm³）	粉尘	水
30～50	≤200	≤100	≤20	粒度≤5μm，含量≤30 mg/Nm³	无液体成分
50～60	≤250	≤125	≤25		
≥60	≤300	≤150	≤30		

沼气体积的标准参比条件是 101.3kPa，20℃

注：按照沼气中所含硫成分全部转化为硫化氢计算。

2）调节用气的储气装置容量应符合下列要求：

① 沼气发电机组连续运行时，储气装置的容量按照运行机组总额定功率大于 2h 的用气量设计；或储气容积宜按发电机日用气量的 10%～30% 确定。

② 沼气发电机组间断性运行时，储气装置的容量应按照大于间断发电时间的产气总量设计。

当燃料品质不符合表 7-11 的规定时，标定功率允许试验用燃料气体的低热值与功率标定时所用沼气低热值按比例换算。

3）供气应符合下列要求：

① 沼气发电机组在距离机组燃气支管前 1m 处的沼气压力不低于 3kPa。

② 供气压力低于 3kPa 时，应配置气体增压设备。

③ 需要时，可设置甲烷浓度传感器、用气调节阀、气体计量仪表等装置。

④ 沼气中甲烷在 30s 内的体积分数变化率不应超过 2%。

⑤ 机组连续运行期间沼气中甲烷体积分数变化量不应超过 5%。

⑥ 应有沼气渗漏、溢出和排泄等防护装置。

（2）余热锅炉

将沼气作为能源用于发电机组，发电机组余热锅炉可回收沼气发电机组的高温烟气及缸套水热量，用于生物质油脂提取和厌氧处理的工艺用气和用水。

烟道式余热锅炉、氧气转炉余热锅炉、燃气-蒸汽联合循环余热锅炉是利用余热介质（各种工业过程中的废气、废料或废液）中含有的显热或可燃物质燃烧后产生的热量，与受热面进行热交换，产生蒸汽或热水，锅炉及其系统设计应满足安全可靠、高效节能以及环保的要求。余热锅炉的设计及系统要求应符合现行国家标准《燃气-蒸汽联合循环余热锅炉技术条件》GB/T 30577、《烟道式余热锅炉通用技术条件》GB/T 28056、《氧气转炉余热锅炉技术条件》GB/T 28057 的相关规定。

7.4.3 施工要求

为规范工程施工，保证按期保质保量完成施工任务，保障人身安全和财产安全，厌氧消化系统施工安装与验收应满足国家现行标准《餐厨垃圾处理技术规范》CJJ 184 和《大中型沼气工程技术规范》GB/T 51063 的有关要求。

1. 构筑物与基础施工

（1）构筑物主体结构的混凝土应采用同品种、同标号的水泥拌制，底板和顶部的浇筑应连续进行，不应留施工缝；池墙上如有施工缝，应设置止水带；混凝土浇筑完毕后，应及时养护，养护期不得少于14d。

（2）钢筋混凝土结构的构筑物施工完毕后进行满水试验时，工艺管道应有效断开，渗水量不应大于2L/(m²·d)；钢筋混凝土结构的厌氧消化器在满水试验合格后进行气密性试验时，试验压力应为消化器工作压力，24h的压力降不应大于试验压力的3%；厌氧消化器气密性试验合格后，应对其进行防腐及保温。

（3）钢制厌氧消化器应安装在钢筋混凝土基础上，基础外圆直径应大于设备主体直径500mm以上；当厌氧消化器基础上设置预留槽时，其宽度宜为150～200mm，深度宜为100～200mm；预留槽内预埋件的间距不得小于1000mm。

（4）设备基础允许偏差应符合表7-12的规定。

设备基础允许偏差 表7-12

项目		允许偏差（mm）
支撑面	标高	±3.0
	水平度	1/1000
	平整度	±20.0
地脚螺栓	螺栓中心偏移	5.0
	螺栓露出长度	+20.0
	螺纹长度	+20.0
预留槽	宽度	±20.0
	深度	±20.0
	底部水平度	±20.0
	预埋件高度	±20.0

2. 钢制厌氧消化器的安装

（1）消化器基础周围应回填土，并应夯实平整，且混凝土基础强度不应小于设计强度的75%。

（2）消化器上的人孔、进料管、出料管、排泥管、检测孔管、取样管、导气管等附属构件应在进场前预制完成，并应验收合格。

（3）焊接厌氧消化器的安装宜采用倒装法组装焊接壁板；焊接式厌氧消化器的焊缝检查及焊缝质量应符合现行国家标准《立式圆筒形钢制焊接储罐施工规范》GB 50128的有关规定。

（4）钢板拼接厌氧消化器的安装中，加强筋的松紧度应以腻子带厚度被压缩1/3为宜；罐体与底板连接时，应采用角钢加固，并采用可靠的密封方式；拼接交接处内外部位及螺栓均应满涂密封剂。

（5）螺旋双折边咬合结构厌氧消化器的安装中，成型机和咬合机应根据钢板厚度选择，消化器进行咬合操作时，两块钢板之间应注入密封胶，密封胶的注入应连续均匀，不得间断。

（6）钢制厌氧消化器安装的允许偏差应符合表7-13的要求：

钢制厌氧消化器安装的允许偏差 表 7-13

项目		允许偏差（mm）
罐体	标高	±20.0
	垂直度	1/1000
	罐顶外倾	≤30.0
	圆周任意两点水平度	≤6.0
	半径允许偏差（直径 D≤12.5m）	±13.0
	半径允许偏差（直径 D>12.5m）	±19.0
人孔	标高	±20.0
外接管道	标高	±10.0
	水平位移量	≤20.0

注：外接管道包括进料管、出料管、排泥管、检测管、取样管、导气管等。

（7）钢制厌氧罐安装制作完成后应分别进行满水试验和气密性试验，并应符合下列规定：试验前罐体内的所有残留物应清理干净；满水试验介质应采用洁净的淡水，气密性试验介质应采用压缩空气，试验介质温度不得低于 5℃；满水试验时，充水到溢流口并应保持 48h 罐体应无渗漏，且应无异常变形；试验过程中应对设备基础的沉降进行监测；气密性试验应在满水试验合格后进行；气密性试验前，应将液位降至工作液位，压缩空气应从上部注入消化器，试验压力应为工作压力的 1.15 倍；气密性试验时，压力应缓慢上升至试验压力的 50% 并应保压 5min，所有焊缝和连接部位应确认无泄漏后，再缓慢升压至试验压力并应保压 10min，所有焊缝和连接部位应无泄漏。

3. 设备、电气、仪表安装

设备、电气、仪表等安装应按照设备技术文件的要求进行，应符合现行国家标准《风机、压缩机、泵安装工程施工及验收规范》GB 50275、《大中型沼气工程技术规范》GB/T 51063 的相关要求。

放散火炬、厌氧消化器、气柜和发电机房等站内设备及建（构）筑物防雷工程的施工应符合现行国家标准《建筑物防雷工程施工与质量验收规范》GB 50601 的有关规定。

4. 试运转与工程竣工验收

工程施工完毕后应对系统进行试运转，试运转应包括无生产负荷的设备单机试运转和分单元模块的联合试运转，各设备、单元应满足设计要求。

工程竣工验收时，核实竣工验收文件资料；对试运转状态进行现场复验，对关键措施设备外观进行现场检查，对各分项工程质量出具鉴定结论，将所有验收技术资料立卷存档。

7.4.4 运行管理要求

1. 厌氧消化反应器

（1）厌氧消化器中投加厨余物料时应按具体工艺要求相对稳定的投配率和间隔时间进行，应防止出现酸化，反应器在运行管理和维护过程中应重点考虑进料的稳定性和反应器的运行稳定性，应符合《大中型沼气工程技术规范》GB/T 51063—2014 和《沼气工程技术规范 第 4 部分：运行管理》NY/T 1220.4—2019 的有关要求：

1）厌氧反应器宜维持相对稳定的消化温度。

2）当不能满足厌氧消化器进料要求时，对原料进行调配。

3）排泥量和排泥频率应根据污泥浓度分布曲线确定。

4）厌氧反应器应保持正压，同时要定期检查溢流管，不得堵塞，定期清理检修 1 次。

（2）实际运行和生产中，要定期监测厌氧反应系统料液的 pH、挥发酸、总碱度、温度、气压、产气量、沼气成分、污泥等运行指标，以及时调整厌氧消化器各项运行参数，具体如下：

1）厌氧消化器运行稳定后日发酵温度波动范围宜为±2℃。

2）正常运行应符合 pH 在 6.5～7.8 之间。

3）沼气 CH_4 含量为 50%～80%。

2. 沼渣脱水设备

沼渣脱水应按设备的技术要求进行，应考虑污泥性质、污泥消化程度、污泥含水率等因素和脱水工艺情况，设备运行应符合《沼气工程技术规范　第 4 部分：运行管理》NY/T 1220.4—2019 和《餐厨垃圾处理厂运行维护技术规程》（征求意见稿）的相关要求：

（1）采用污泥干化床进行污泥脱水时，平铺于干化床上的污泥层厚度应根据气象条件及污泥量确定；污泥在干化床的停留时间不宜大于 40d，最终的污泥含水率宜为 70%左右。

（2）采用机械设备进行污泥脱水时，脱水前预处理化学调理剂的投加量和配制应通过多组试验确定；污泥脱水机脱水完毕应立即将设备冲洗干净，清理机组周围的污泥，冲洗投泥泵、投药泵、管道及溶药装置等。

（3）沼渣脱水设备和干化设备正常运转过程中，应统计每日沼渣产生量，并根据沼渣性质及运行情况调整沼渣脱水设备和干化设备的运行参数。

3. 沼气脱硫设备

沼气脱硫系统运行时应定期排污，排除脱水、脱硫装置中的冷凝水；当室外温度接近0℃时，应每天排除冷凝水，排水时应防止沼气泄漏，系统运行时要满足《大中型沼气工程技术规范》GB/T 51063—2014 和《餐厨垃圾处理厂运行维护技术规程》（征求意见稿）的要求：

（1）生物脱硫启动运行正常后，定期检查脱硫前后硫化氢的浓度变化，硫化氢去除率应满足后端工艺设计要求；当发现脱硫效率明显下降时，应及时补充循环营养液；塔内填料应 6～12 个月清洗一次。

（2）当采用湿式脱硫时，脱硫率应大于 60%；当采用干式脱硫时，脱硫率应大于90%。干法脱硫应定期检查脱硫塔前后硫化氢浓度、沼气压力变化，当达不到设计要求时应更换脱硫剂或进行脱硫剂再生。

4. 沼气储存设备

应定期对气柜压板、地脚螺栓的防腐层进行检查，当出现破损时应及时补修；沼气站内设施、管道、附件等应定期巡检，当发现泄漏时应及时修复。沼气储气柜的运行和维护管理应符合《大中型沼气工程技术规范》GB/T 51063—2014 和《餐厨垃圾处理厂运行维护技术规程》（征求意见稿）的相关规定：

（1）吹膜风机应处于连续运行状态，进出气柜的阀门开关应灵活，凝水器中冷凝水应及时排除。

（2）当独立式膜式气柜内外膜之间的甲烷浓度超过正常值时，应停产检修。

（3）按时观测和记录储气柜的储气量和压力，并保持其工作压力符合设计要求。

（4）储气柜的水封应保持设计水封高度，夏季应及时补充清水；冬季气温低于0℃时应采取防冻措施。

（5）沼气管道内的冷凝水应定期排放，并采取防沼气泄漏措施。

（6）定期测定储气柜水封槽的pH，pH小于6时应及时换水，严禁在储气柜低水位时排水。

5. 沼气发电设备

运行管理人员和操作人员需了解沼气及其发电工程的工艺流程，熟悉各种设施、设备的运行要求和技术指标；沼气发电机组运行正常后应按运行管理规程巡视，查看设备运行时的声音、振动有无异常，随时掌握负载的变化情况；沼气过滤装置应定期清洗，经常检查发电机进气管路是否漏气及冷凝水是否过多，如发现异常应及时处理。

对于沼气应急燃烧火炬来说，火炬燃烧时宜不见明火，其打火失败率宜小于5%，并应在10%～110%负荷范围内稳定运行。

在对具有有害气体或可燃气体的构筑物或容器内进行放空清理和维修时，必须把保证构筑物或容器内通风状态良好，进入前作必要的安全性检验。

有关沼气发电站的运行维护要求可参考现行行业标准《沼气电站技术规范》NY/T 1704的规定。

7.5 好氧生物处理

7.5.1 一般要求

厨余垃圾含较多易腐性的菜叶、果壳、食物残渣等有机废弃物，可采用好氧生物处理技术对厨余垃圾中的有机废弃物进行资源化利用和减量化、无害化处理。厨余垃圾好氧生物处理工艺主要为堆肥或通过有机垃圾生物处理机发酵处理，要求物料满足好氧发酵的水分要求。

好氧生物处理相关的设备主要包括生化处理机、翻堆机等。

7.5.2 技术（设计）要求

1. 生物处理机

（1）有机垃圾生物处理机是利用微生物菌剂或酶制剂对厨余垃圾中可生物降解的有机垃圾进行生物处理的设备。生物处理机主要由以下部件构成：机仓、搅拌轴、通氧装置、加热装置（选装）、出料门、进料门、外保温、减速电机、显示屏等；生物处理机分为资源型生物处理机和减量型生物处理机。

在采用生物处理机时应考虑物料混合后的均质性，以保证餐厨物料发酵充分，结构设计应利于物料的混合，厨余垃圾制备生化肥料所使用的生化设备的技术及性能应符合《有机垃圾生物处理机》CJ/T 227—2018的有关要求：

1）生物处理机的使用寿命应大于或等于90000h。

2）机仓加热系统应具有过热保护装置，宜配置通风换气、除尘、除臭和污水收集装置。

3）机仓搅拌系统的转停时间应可调节设定，搅拌主电机应有过载保护装置，并设有手动急停控制保护装置。

4）设备整机应接地良好，有明显的接地标志，接地电阻值应不超过1Ω。

5）满负荷或超载20%工况下，搅拌轴轴承温升应小于55℃，最高温度应小于95℃。

（2）资源型生物处理机

资源型生物处理机主要通过添加微生物菌种进行好氧发酵，过程中排放水和二氧化碳气体，产出的残渣为有机肥或有机质。分为蒸汽型生物处理机和燃气型生物处理机，其工作原理分别如图7-6、图7-7所示。

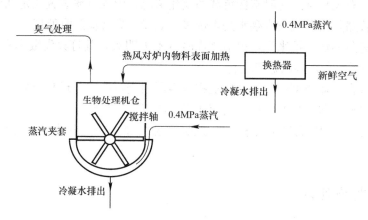

图 7-6 蒸汽型生物处理机的工作原理

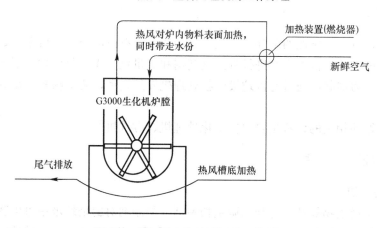

图 7-7 燃气型生物处理机的工作原理

蒸汽型生物处理机是通过混料机将有机垃圾和调整材料进行混料投至发酵仓内，满足生物发酵碳氮比和水分要求，经热交换器加热后的热风吹至机仓内，为发酵提供温度和空气，另一路热蒸汽通至生物处理机底部夹层进行换热，蒸汽经热交换后变为冷凝水收集回用。蒸汽型生物处理机热利用效率较佳，若将此设备置于热电厂旁边，可利用热电厂的余热蒸汽进行生产，而不需燃烧额外的能源来加热物料。

与蒸汽型生物处理机不同的是，燃气型生物处理机利用燃烧器加热后的热风为发酵提供温度和空气；机仓发酵气体通过循环风机抽至燃烧器的火焰进行高温除异味，一部分气体再次进入机仓内，另一部分气体进入机仓槽底部对物料再次加热。燃气型生物处理机燃料可为沼气、天然气、石油液化气、煤油或轻质柴油等。

资源型生物处理机应考虑厨余垃圾资源化利用率和排放产物达标情况，相关规定如下：

1）资源型生物处理机经 8~10h 的不间断工作，资源化利用率应达到厨余垃圾投放量（扣除水分）的 98% 以上。

2）资源型生物处理机处理的产出物含水率应不大于 13%，各项无害化指标和排放指标均应完全符合国家和各地方的标准。

3）资源型生物处理机处理的产出物的有益菌群数应不少于 10^5 cfu/g。

4）资源型生物处理机在加热系统上，可使用蒸汽，沼气、天然气、石油液化气、煤油或轻质柴油等多种燃料，采用的加热装置应符合国际和国家的行业标准。

5）主要参数应符合《有机垃圾生物处理机》CJ/T 227—2018，见表 7-14。

资源型生物处理机的主要参数 表 7-14

额定处理量（kg/d）	机仓容量（L）	好氧速率（mgO$_2$）/(gVS·h）
500	≥800	
1000	≥1500	
2000	≥3000	
5000	≥9000	<0.5
10000	≥18000	
20000	≥36000	

（3）减量型生物处理机

减量型生物处理机通过在装置内加入微生物菌剂或酶使其将有机垃圾分解为水和二氧化碳等物质达到减量的目的，减量率在 90% 以上。减量型生物处理机基本以小型为主，主要是对产生的有机垃圾进行就地消解。

减量型生物处理机可分批次处理物料，也可等到仓体内的不可分解的无机物达到一定程度后一次清理。

减量型生物处理机在处理过程中所排放的气体及液体应符合国家相关的排放标准。

减量型生物处理机的主要参数要求应符合《有机垃圾生物处理机》CJ/T 227—2018，见表 7-15。

减量型生物处理机的主要参数 表 7-15

额定处理量（kg/d）	机仓容量（L）	减重率（%）
100	≥800	
200	≥1500	
500	≥4000	≥98
1000	≥7500	
2000	≥15000	

2. 翻堆机

翻堆机主要由翻堆机构、行走机构、升降机构和控制系统组成，按照翻堆机构可分为滚筒式堆肥翻堆机和链板式堆肥翻堆机；按照行走驱动方式可分为轮轨式堆肥翻堆机和履带式堆肥翻堆机。

（1）针对翻堆机，应着重考虑设备的耐腐蚀性和耐磨性，《堆肥翻堆机》CJ/T 506—2016 指出，堆肥翻堆机是堆肥发酵过程中用于翻动堆料、改善堆体结构，并使堆肥物料充分混合的设备，具体规定如下：

1）翻堆机构与发酵物料接触部件耐腐性能应不低于 7 级。

2）行走机构应包括驱动部件和行走部件，行走速度应可调节；轮轨式堆肥翻堆机的行走机构的行走轮宜采用耐磨合金钢材料，履带式堆肥翻堆机行走机构的履带板宜采用耐磨防滑材料。

3）控制系统应实现翻堆机位置远程遥控操作，远程显示运行状态、运行速度，实现故障报警。

翻抛机还应注重现场的操作性，《堆肥翻堆机》CJ/T 506—2016 对堆肥翻堆机作出的技术及性能要求主要包括：堆肥翻堆机应具有自动控制和就地手动控制功能，遥控距离应不小于 100m；堆肥翻堆机的行走速度宜在 0～0.4m/s 可调；堆肥翻堆机的最大翻堆深度不应小于 1.6m；堆肥翻堆机的处理能力宜大于 40m³/h。

（2）滚筒式翻堆机性能应符合《仓式滚筒翻堆机》JB/T 11246 和《堆肥翻堆机》CJ/T 506—2016 的规定：

1）仓式滚筒翻堆机滚筒的转速应满足 10～200r/min 的无级调速要求，滚筒转速宜为 120～220r/min。

2）正常运行时，翻堆机构温度达到平衡时应不大于 70℃；液压系统应能够实现同步起升功能，起升和下降时运行平稳。

3）手动起升高度大于翻堆机的最低点，最低点距离地面不应低于 2000mm，操作手柄压力应不小于 500N。

4）仓式滚筒翻堆机基本参数如表 7-16 所示。

仓式滚筒翻堆机的基本参数　　表 7-16

项目	范围			
匹配料仓宽度（m）	2.5		5	
滚筒直径（m）	1.2	1.6	1.2	1.6
轨道面距仓底距离（m）	3.2	4.3	3.2	4.3
轮距（m）	2.3	2.3	4.3	4.3
行走速度（m/min）	1.5～3	1～2.8	0.8～2.8	0.8～2.8
滚筒转速（r/min）	120～200	100～150	100～180	100～150

（3）链板式堆肥翻堆机应考虑设备的功能性，应符合《链条式翻堆机》JB/T 11247—2012 和《堆肥翻堆机》CJ/T 506—2016 的要求：

链条式翻堆机的链板线速度宜为 0.4～1.0 m/s；控制方式应为自动控制，驱动设备应具备单机手动操作功能，其基本参数见表 7-17。

链条式翻堆机的基本参数 表 7-17

项目	范围		
翻料板宽度（m）	3	4	5
轨道中心距宽度（mm）	3480	4480	5480
轨道面距仓底距离（m）	2.2		
翻堆机移动速度（m/min）	0.1～0.2		
翻堆距离（m）	2～3		
翻堆厚度（m）	1～1.6		
翻堆量（m³/h）	18～57	24～76	30～96

7.5.3　运行管理要求

1. 生物处理机

（1）生物处理机处理后的废气、冷凝水、颗粒物浓度、噪声均应满足相关的处理和排放要求，安全控制要求也应符合相关规定。生物处理机的作业环境温度、工作时间、使用寿命等运行管理要求应满足《有机垃圾生物处理机》CJ/T 227—2018 的有关规定：

1）设备的作业环境温度为 $-5～50℃$。

2）生物处理机进行可靠性试验的时间为 500h，生物处理机首次故障前的工作时间应大于 200h，平均无故障工作时间应不小于 250h，可靠度应大于 85%。

3）生物处理机使用寿命应大于或等于 90000h。

4）生物处理机机仓内加入额定处理量物料，运转时不应有液体渗漏。

5）生物处理机的运转应正常、连续和平稳，不应有卡滞、表面过热、异常声响；满负荷或超载 20% 工况下，搅拌轴轴承温升应小于 55℃，最高温度应小于 95℃。

6）生物处理机运转时，在自由声场中，在距处理设备 1m 处，整机噪声应小于或等于 75dB（A）。

（2）厨余垃圾采用好氧堆肥时应重点关注含水率、C/N 比、盐分、粒径等指标参数，《餐厨垃圾处理技术规范》CJJ 184—2012 指出，应对厨余垃圾进行水分、盐分调节以及脱油、C/N 比调节处理，具体如下：

1）物料粒径应控制在 50mm 以内，含水率宜在 45%～65% 之间，C/N 比宜为（20～30）：1。

2）制备生化腐殖酸时，应加入腐殖酸转化剂和碳源调整材料，C/N 比宜控制在（25～30）：1，物料含水率宜控制在 $60±3\%$，并应经历复合微生物好氧发酵过程，发酵过程中物料温度宜控制在 $75±3℃$，并持续 8～10h。

3）工艺过程使用的微生物菌剂应是国家相关部门允许使用的菌种，且应具有遗传稳定性和环境安全性；发酵完成后，应将物料中大于 5mm 的杂物筛除。

4）厨余垃圾好氧堆肥的运行参数应符合现行行业标准《生活垃圾堆肥处理技术规范》CJJ 52 的有关规定；当堆肥成品加工制造有机肥时，制成的有机肥质量应符合现行行业标准《有机肥料》NY 525 和《生物有机肥》NY 884 的要求；生化腐殖酸成品质量应符合表 7-18 的规定。

生化腐殖酸成品质量　　　　　　　　　　　　表 7-18

项目	指标
有机质含量（％）	≥80.0
总腐殖酸 HA_t（d％）	≥45.0
游离腐殖酸 HA_f（d％）	≥40.0
pH	5.0～7.5
Na^+ 的质量分数（％）	≤0.6
灰分（％）	≤7.5
水分（H_2O）的质量分数（％）	≤12.0
粪大肠菌群数（个/g（mL））	≤100
蛔虫卵死亡率（％）	≥95
沙门氏菌	不得检出
黄曲霉毒素（μg/kg）	≤50

2. 翻堆机

堆肥翻堆机适用于有机垃圾堆肥过程，其运行管理要求应符合《堆肥翻堆机》CJ/T 506—2016 规定：

(1) 设备工作环境温度不大于 70℃。

(2) 堆肥翻堆机首次故障前连续工作时间应累计大于 200h，可靠度大于 85％。

(3) 堆肥翻堆机年平均无故障时间应大于 250h。

(4) 堆肥翻堆机连续无故障工作时间应大于 200h。

(5) 堆肥翻堆机的叶片使用寿命应大于 2000h，并可拆卸更换。

7.6　实践思考和建议

厨余垃圾处理的湿式厌氧反应器除全混式厌氧反应器和推流式厌氧反应器外，HMD 新型高效厌氧消化反应器也应用于厨余垃圾浆液的处理。HMD 反应器内部无须机械搅拌装置和填料，通过平衡阀、脉冲泵共同控制厌氧罐液位变化形成脉冲和平衡循环，具有效率高、能耗低且易于维护的特点，但目前尚无相关标准发布。

此外，有关厨余垃圾处理设备的现有国家标准或行业标准尚有欠缺，前文中引用的带有"T"的标准也均为推荐性标准。文中主要是围绕《餐厨垃圾处理技术规范》CJJ 184—2012，并参考相关行业产品标准做了一定说明，厨余垃圾预处理系统、厌氧反应系统等相关标准仍有待补充和完善，具体建议如下：

(1) 补充厨余垃圾处理的卸料仓设备、自动分选、破碎制浆设备、固液分离设备、除砂除渣设备和油脂分离设备等相关产品标准。

(2) 补充厨余垃圾处理的 CSTR 完全混合式厌氧反应器、HMD 新型高效厌氧反应器、沼气脱硫净化装置的相关技术标准。

第8章 建筑垃圾处理

建筑垃圾是工程渣土、工程泥浆、工程垃圾、拆除垃圾和装修垃圾等五类的总称，是指新建、改建、扩建和拆除各类建筑物、构筑物、管网等以及居民装饰装修房屋过程中所产生的弃土、弃料及其他废弃物，但不包括经检验、鉴定为危险废物的建筑垃圾。

工程渣土是指各类建筑物、构筑物、管网等基础开挖过程中产生的弃土。工程泥浆是指钻孔桩基施工、地下连续墙施工、泥水盾构施工、水平定向钻施工及泥水顶管施工等产生的泥浆。工程垃圾是指各类建筑物、构筑物等建设过程中产生的弃料。拆除垃圾是指各类建筑物、构筑物等拆除过程中产生的弃料。装修垃圾是指装饰装修房屋过程中产生的废弃物。

建筑垃圾处理设施包括转运调配场、资源化利用厂、堆填场、填埋处置场等。转运调配是指将建筑垃圾集中在特定场所临时分类堆放，待根据需要定向外运的行为。资源化利用是指建筑垃圾经处理转化成为有用物质的方法。堆填是指利用现有低洼地块或即将开发利用但地坪标高低于使用要求的地块，且地块经有关部门认可，用符合条件的建筑垃圾替代部分土石方进行回填或堆高的行为。填埋处置是指采取防渗、铺平、压实、覆盖等对建筑垃圾进行处理和对污水等进行治理的处理方法。

本指南重点解析建筑垃圾资源化利用厂，建筑垃圾资源化利用厂主要包括破碎系统、筛分系统、分选系统和产品利用系统等。分为移动式和固定式，就地处理和分散处理模式宜采用移动式处理设施，集中处理模式宜采用固定式处理设施。

8.1 相关标准

GB 18452—2001 破碎设备 安全要求
GB/T 25176—2010 混凝土和砂浆用再生细骨料
GB/T 25177—2010 混凝土用再生粗骨料
GB/T 25700—2010 复摆颚式破碎机 能耗指标
GB/T 26965—2011 圆锥破碎机 能耗指标
GB/T 50640—2010 建筑工程绿色施工评价标准
GB/T 50743—2012 工程施工废弃物再生利用技术规范
GB 51322—2018 建筑废弃物再生工厂设计标准
CJJ/T 134—2019 建筑垃圾处理技术标准
JB/T 1388—2015 复摆颚式破碎机
JB/T 2259—2017 双转子反击式破碎机
JB/T 2501—2017 单缸液压圆锥破碎机
JB/T 3264—2015 简摆颚式破碎机

JB/T 5496—2015 振动筛制造通用技术条件

JB/T 6388—2004 YKR 型圆振动筛

JB/T 6988—2015 弹簧圆锥破碎机

JB/T 6993—2017 单转子反击式破碎机

JB/T 7689—2012 悬挂式电磁除铁器

JB/T 7891—2010 轴偏心式圆振动筛

JB/T 7892—2010 块偏心箱式直线振动筛

JB/T 8711—2006 悬挂式永磁除铁器

JB/T 10460—2015 香蕉形直线振动筛

JB/T 10883—2019 定轴式多缸液压圆锥破碎机

JB/T 11186—2011 建筑施工机械与设备　干混砂浆生产成套设备（线）

JB/T 13430—2018 动偏心式圆振动筛

JC/T 1013—2006 冲击式制砂机

JGJ/T 240—2011 再生骨料应用技术规程

8.2　破碎

预处理工艺中的核心环节，因建筑垃圾成分不同、杂质种类和含量不同、不同用途的再生产品性能要求不同，选择的工艺可以不同。

8.2.1　技术（设计）要求

目前市场上主流的破碎类设备有颚式破碎机、圆锥式破碎机、反击式破碎机等。

1. 颚式破碎机

颚式破碎机可完成大块物料的破碎，最大破碎粒径达到 1700mm，破碎比大，产品粒度比较均匀。垫片式排料口调整装置可调节的范围较宽，一定程度上能够增加设备的灵活性，运营维护费相对较低。

根据破碎抗压强度指标不同，颚式破碎机主要分为简摆颚式破碎机和复摆颚式破碎机两种类型。《简摆颚式破碎机》JB/T 3264—2015 规定了在待破物料松散密度为 1.6t/m³、抗压强度为 150MPa 以下、连续给料时，不同型号简摆颚式破碎机的性能参数，见表 8-1。

不同型号简摆颚式破碎机的性能参数　　　　表 8-1

型号	给料口宽度的公称尺寸和极限偏差（mm）	给料口长度的公称尺寸和极限偏差（mm）	最大给料粒度（mm）	开边排料口宽度的公称尺寸和调整范围（mm）	处理能力（排料口宽度为公称值时）（m³/h）	电动机功率（kW）	整机重量（不含电动机）（t）
PEJ-400×600 (PEJ-0406)	400±20	600±30	340	60±20	≥18	≤45	≤15
PEJ-500×750 (PEJ-0507)	500±25	750±35	425	75±25	≥40	≤55	≤22
PEJ-600×900 (PEJ-0609)	600±30	900±45	500	100±25	≥60	≤75	≤29

续表

型号	给料口宽度的公称尺寸和极限偏差（mm）	给料口长度的公称尺寸和极限偏差（mm）	最大给料粒度（mm）	开边排料口宽度的公称尺寸和调整范围（mm）	处理能力（排料口宽度为公称值时）（m³/h）	电动机功率（kW）	整机重量（不含电动机）（t）
PEJ-750×1060 (PEJ-0710)	750±35	1060±55	630	110±30	≥110	≤90	≤56
PEJ-900×1200 (PEJ-0912)	900±45	1200±60	750	130±35	≥180	≤110	≤75
PEJ-1200×1500 (PEJ-1215)	1200±60	1500±75	1000	155±40	≥310	≤160	≤145
PEJ-1500×2100 (PEJ-1521)	1500±75	2100±90	1300	180±45	≥550	≤250	≤260
PEJ-2100×2500 (PEJ-2125)	2100±90	2500±100	1700	250±50	≥800	≤400	≤470

《复摆颚式破碎机》JB/T 1388—2015 规定了在待破物料松散密度为 1.6t/m³、抗压强度为 150MPa 以下、连续给料时，不同型号复摆颚式破碎机的性能参数，见表 8-2。

不同型号复摆颚式破碎机的性能参数 表 8-2

型号	给料口宽度公称尺寸和极限偏差（mm）	给料口长度的公称尺寸和极限偏差（mm）	最大给料尺寸（mm）	开边排料口宽度公称尺寸和调整范围（mm）	处理能力（m³/h）	电动机功率（kW）	重量（不包括电动机）（kg）
PE-150×250	150±10	250±15	130	30±15	≥3	≤5.5	≤1000
PE-250×400	250±10	400±20	210	40±20	≥13	≤15	≤3000
PE-400×600	400±20	600±30	340	60±25	≥25	≤30	≤7000
PE-500×750	500±25	750±35	425	75±25	≥40	≤55	≤10500
PE-600×900	600±30	900±45	500	100±25	≥60	≤75	≤15500
PE-750×1060	750±35	1060±55	630	110±30	≥130	≤110	≤27800
PE-900×1200	900±45	1200±60	750	130±35	≥190	≤132	≤46000
PE-1200×1500	1200±60	1500±75	950	220±60	≥400	≤220	≤90000
PE-1500×1800	1500±75	1800±90	1200	285±65	≥550	≤355	≤125000
PEV-430×650	430±20	650±30	360	70±30	≥50	≤37	≤5089
PEV-500×900	500±25	900±45	425	75±25	≥50	≤55	≤10272
PEV-600×900	600±30	900±45	500	100±30	≥79.5	≤75	≤11846
PEV-750×1060	750±35	1060±55	630	110±30	≥106	≤110	≤22640

《复摆颚式破碎机能耗指标》GB/T 25700—2010 对不同型号的破碎机耗能指标，进行了等级划分，3 级为合格品，达到 2 级及以上的为节能产品，具体见表 8-3。

复摆颚式破碎机能耗指标等级 表 8-3

破碎机型号	能耗指标（kWh/m³）		
	1 级	2 级	3 级
PE-150×250	1.80	2.05	2.36
PE-250×400	1.75	2.00	2.30

续表

破碎机型号	能耗指标（kWh/m³）		
	1级	2级	3级
PE-400×600	1.62	1.85	2.10
PE-500×750	1.32	1.50	1.75
PE-600×900	1.10	1.25	1.40
PE-900×1060	0.75	0.85	1.00
PE-900×1200～PE-1500×1800	0.60	0.70	0.80

注：1. 能耗指标等级分为1～3级，3级为基本级，2级为节能评价值，1级要求最高。
    2. 电动机功率为实测功率。

2. 圆锥式破碎机

圆锥式破碎机采用两个锥面挤压破碎，用于小件废料破碎或颚式破碎后的二级破碎，出料粒径较小。

圆锥式破碎机有单缸液压、多缸液压和弹簧三种类型。单缸液压圆锥式破碎机可破碎抗压强度160MPa以下的物料，属于普通型圆锥式破碎机，其性能参数见表8-4；多缸液压圆锥式破碎机和弹簧圆锥式破碎机均可破碎抗压强度300MPa以下的物料，属于强力型圆锥式破碎机。不同类型的圆锥式破碎机的基本性能参数由现行行业标准《单缸液压圆锥破碎机》JB/T 2501、《定轴式多缸液压圆锥破碎机》JB/T 10883和《弹簧圆锥破碎机》JB/T 6988分别规定。

《圆锥破碎机　能耗指标》GB/T 26965—2011对不同类型的破碎机耗能指标进行了等级划分，3级为合格品，达到2级及以上的为节能产品。普通型破碎机各等级的能耗指标值不应超过表8-5的规定，强力型破碎机各等级的能耗指标值不应超过表8-6的规定。

单缸液压圆锥破碎机的基本参数　　　　表8-4

型号	动锥底部直径（mm）	给矿口宽度（mm）	最大给矿粒度（mm）	排矿口调整范围（mm）	处理能力（t/h）	主电动机功率（kW）
PYYB-0913	900	135	115	15～40	50～120	90
PYYZ-0907	900	75	65	6～20	21～66	90
PYYD-0906	900	60	50	4～12	18～60	90
PYYB-1219	1200	190	160	20～45	108～240	132
PYYZ-1215	1200	150	125	9～25	54～150	132
PYYD-1208	1200	80	65	5～13	48～120	132
PYYB-1628	1650	285	240	25～50	252～510	200
PYYZ-1623	1650	230	195	13～30	144～340	200
PYYD-1610	1650	100	85	7～14	120～240	200
PYYB-2235	2200	350	295	30～60	540～1080	355
PYYZ-2229	2200	290	245	15～35	300～700	355
PYYD-2213	2200	130	110	8～15	240～460	355

注：处理能力为物料不含黏土，含水量不大于4%（质量分数），给料粒度级配适当，小于排矿口的物料占给料总量的10%以下，给料在破碎腔四周均布，物料松散密度1.6t/m³，抗压强度为120MPa时的开路设计通过量。

普通型圆锥破碎机能耗指标等级　　　　表8-5

破碎机规格（破碎锥大端直径）（mm）	能耗指标（kWh/t）		
	1级	2级	3级
600～900	1.15	1.40	1.75

续表

破碎机规格（破碎锥大端直径）（mm）	能耗指标（kWh/t）		
	1级	2级	3级
1100～1400	1.10	1.35	1.70
1500～1800	1.05	1.30	1.65
2000～2300	1.00	1.25	1.60

注：1. 被破碎物料的抗压强度标定值为150MPa。
　　2. 电动机功率为平均实测功率。
　　3. 能耗指标等级分为1～3级，3级为基本级，2级为节能评价值，1级要求最高。

强力型圆锥破碎机能耗指标等级　　　　表8-6

破碎机规格（破碎锥大端直径）（mm）	能耗指标（kWh/t）		
	1级	2级	3级
800～1000	0.90	1.10	1.35
1200～1400	0.80	1.00	1.25
2000～2200	0.65	0.80	1.00
2400～2600	0.55	0.70	0.90

注：1. 被破碎物料的抗压强度标定值为350MPa。
　　2. 电动机功率为实测平均功率。
　　3. 能耗指标等级分为1～3级，3级为基本级，2级为节能评价值，1级要求最高。

3. 反击式破碎机

反击式破碎机是利用冲击能来破碎物料的破碎机械（立式冲击破碎机、锤式破碎机类似），出料粒径较小，形状较规则。调整反击架与转子架之间的间隙可达到改变物料粒度和物料形状的目的。

常用的单转子反击式破碎机和双转子反击式破碎机，均用于破碎抗压强度140MPa以下的物料，其性能参数分别由现行行业标准《单转子反击式破碎机》JB/T 6993和《双转子反击式破碎机》JB/T 2259规定。单转子反击式破碎机破碎处理能力小于220t/h，最大给料粒度为600mm，出料粒径均在20～70mm以下；双转子反击式破碎机破碎处理能力在50～1000t/h之间，最大给料粒度为1400mm，出料粒径在20～25mm以下。以单转子反击式破碎机为例，基本性能参数见表8-7。

单转子反击式破碎机基本性能参数　　　　表8-7

型号	PF-0504	PF-1007	PF-1210	PF-1315	PF-1416
转子直径（mm）	500	1000	1250	1320	1400
转子长度（mm）	400	700	1000	1500	1600
进料粒度（mm）	≤100	≤250	≤250	≤350	≤600
出料粒度（mm）	≤20	≤30	≤30	≤30	≤70
处理能力（t/h）	4～8	15～30	40～80	160～200	200～220
电动机功率（kW）	7.5	37	95	200	355
参考重量（不包括电动机）（t）	1.35	6	15	23	58

注：1. 转子直径是指转子在工作时板锤顶端回转的运动轨迹（圆）的直径；转子长度是指转子工作段长度；进料粒度是指物料最大边长。
　　2. 处理能力是指破碎机在破碎抗压强度不大于140MPa、水分不大于10%（质量分数）的物料，表中规定的出料粒度的通过率为80%，板锤、反击板未经磨损时的处理能力。
　　3. 表中规定的电动机功率为平均值，电动机功率的确定取决于被破碎物料的自然特性和需要的产量，其实际功率在订货时由制造厂根据被破碎物料特性及使用工况确定。

4. 破碎机技术性能比较

常用的颚式破碎机、圆锥式破碎机、反击式破碎机的产品标准、技术性能比较见表8-8。在建筑垃圾处理中，根据不同破碎模块的功能和技术参数，选择合适的破碎机类型与型号。

建筑垃圾破碎机技术性能比较 表 8-8

类别	颚式破碎机	反击式破碎机	圆锥式破碎机
破碎形式	挤压式	冲击式	挤压式
破碎最大抗压强度 (MPa)	250（复摆） 300（简摆）	140	160（单缸液压） 300（多缸液压/弹簧）
最大给料尺寸 (mm)	1200（复摆） 1700（简摆）	250（单转子） 1400（双转子）	295（单缸液压） 390（多缸液压/弹簧）
最大处理能力 (t/h)	550（复摆） 800（简摆）	80（单转子） 1000（双转子）	900（单缸液压） 1240（多缸液压/弹簧）
排料粒度或排料口宽度 (mm)	15～350（复摆） 40～300（简摆）	20～70（单转子） 20～25（双转子）	4～60（单缸液压） 6～64（多缸液压/弹簧）
优点	可破碎大块混凝土、破碎效率高、处理量大、损耗低、维护简便	可破碎较大块混凝土；产品粒型较好	破碎效率高、处理量大、损耗低、维护简便
缺点	产品粒型不好，针片状含量较高	产能较低	产品粒型不好，针片状含量较高
用途	粗破	中破、细破	中破、细破

8.2.2 运行管理要求

（1）建筑垃圾处理过程中，使用破碎机将废混凝土块、碎砖石等破碎，物料粒度达到后续工艺所要求的尺寸。与筛分系统配合，最终得到不同粒径级配的再生骨料。建筑垃圾处理破碎过程，一般可以分为一级破碎和二级破碎生产再生骨料，生产砂粉料时配置三级破碎等。

（2）一级破碎为初级破碎，要求破碎能力强大、适应性强，一般采用颚式破碎机，移动式处理设施亦可使用反击式破碎机，破碎抗压强度应达到140～200MPa。

（3）二级破碎是将一级破碎后的物料进一步破碎、整形，要求再生骨料粒型好，一般采用反击式破碎机或圆锥式破碎机，破碎抗压强度应达到140MPa。

（4）破碎机的生产能力，根据建筑垃圾处理生产线的生产能力，一般可按照1.2的产能放大系数确定。例如建筑垃圾处理生产线的生产能力为100t/h，则破碎机的生产能力应不小于120t/h，以此选择确定破碎机的型号。

（5）破碎机中挤压或冲击破碎物料的接触面（工作面）属于易损件，本节所列相关标准中，列出了相关磨损量限值或使用寿命等相关技术指标，设备选型与运行管理时需要重点关注。

（6）破碎机运行安全十分重要，必须高度重视，严格执行现行国家标准《破碎设备安全要求》GB 18452 的规定。

8.3　筛分

筛分是建筑垃圾实现资源化处理的必要环节，筛分系统常与破碎系统合理配置，形成所谓的破碎筛分工艺。筛分可实现去除渣土和破碎后筛分出合适粒径的物料，并根据筛板的孔径将其分成不同规格的再生骨料。

建筑垃圾处理过程中，常用的筛分设备有固定筛、振动筛和滚筒筛三种类型，振动筛常用的有直线振动筛和圆振动筛，滚筒筛有普通滚筒筛和 3D 滚筒筛（进口设备）。目前，尚无用于建筑垃圾处理的滚筒筛产品标准。

8.3.1　技术（设计）要求

1. 直线振动筛

直线振动筛具有构造简单、安全可靠、维护方便、效率高、使用寿命长等特点。筛面可设置 2 层，一次筛分可得到 2 种不同粒径的筛出物。

直线振动筛常用的有块偏心箱式直线振动筛和香蕉形直线振动筛两种类型，分别适用于中细粒级物料筛分和粗粒级物料筛分。不同类型的直线振动筛的基本技术性能参数由现行行业标准《块偏心箱式直线振动筛》JB/T 7892 和《香蕉形直线振动筛》JB/T 10460 分别规定。直线振动筛的技术性能参数归纳如下：

（1）生产能力

直线振动筛的生产能力（处理量）取决于设备型号和技术参数的取值，常用的块偏心箱式直线振动筛的生产能力为 20～170t/h，适用中细粒级湿式物料的脱水、脱介、脱泥和分级，也适用于其他散状物料的干式筛分，属中小型设备；香蕉形直线振动筛的生产能力为（150～3500）t/h，其中，用于物料分级时，单层筛面的生产能力为 150～3500t/h，双层筛面的生产能力为 150～2200t/h，用于物料脱水、脱介、脱泥时，生产能力为 80～800t/h，适用粗粒级物料筛分（小于筛孔的粒径颗粒含量较高），属中大型设备。

（2）筛面规格和筛孔尺寸

直线振动筛筛面规格的长度和宽度，由振动筛的型号规格决定。筛面的宽度决定筛分机的处理能力，若筛面宽则物料的通过能力大；筛面的长度决定筛分机的筛分效率，筛面越长物料经过筛分的时间越长，筛分越彻底，但是，过长的筛面对提高筛分效率并不显著，而仅仅多余地加长了筛分机的尺寸。现有直线振动筛的筛面宽度，粗粒级的筛分 1.2～4.2m，中细粒级的筛分约 3.6～4.8m，脱水、脱介 6.5m；筛面长度，粗粒级的筛分约 6m，中细粒级的筛分 3.6～4.8m。

不同类型的直线振动筛，筛孔尺寸有差异。例如，块偏心箱式直线振动筛的筛孔尺寸，单层筛面时为 0.5～13.0mm、双层筛面时为下层为 0.5～13.0mm 和上层为 3.0～50.0mm；香蕉形直线振动筛的筛孔尺寸，单层筛面时为 0.5～13.0mm（用于物料脱水、脱介、脱泥）或 13.0～100.0mm（用于物料分级），双层筛面时为下层为 13.0～50.0mm 和上层为 50.0～100.0mm。故块偏心箱式直线振动筛适合中细颗粒的筛分，香蕉形直线振动筛适合中粗颗粒的筛分。

根据物料种类和筛下物颗粒形状要求，筛孔形状不同。圆形筛孔以圆的直径标明筛孔的大小，能保证通过的粒度都小于筛孔的尺寸，其筛下产品基本不含大于筛孔的尺寸；矩形筛孔以矩形的短边作为筛孔的名义尺寸，超过筛孔尺寸的粒度，特别是扁平颗粒将顺着筛眼长边透筛；还有一些不规则形状的筛孔，如一些编织筛网。筛分粒度在 25 mm 以上，一般用冲孔或钻孔筛板，孔眼多数采用圆孔，菱形排列。25 mm 以下可用编织筛网，编织筛网为方孔。25mm 的筛孔，可以用冲孔筛板，或编织筛网，编织筛网应防止筛条滑动、筛孔变形。对于 1 mm 以下筛分（包括脱泥、脱水、脱介）采用条缝筛板，0.5mm 以下的可以用条缝筛板（用螺杆穿筛条上圆环或焊接的）或尼龙筛网。不论是筛板或筛网，本身须绷紧，并和筛箱紧固，这是十分重要的。既可以延长筛板、筛网、筛箱的寿命，提高筛分效率，而且可以减轻噪声。对于 50mm 以上的筛板，经常由钢筋或轻轨制成，棒形筛条都制成楔形的，上宽下窄，便于物料通过。

（3）筛面倾角

筛面与水平面的夹角称为筛面倾角。倾角的大小与筛分设备的处理量和筛分效率有密切关系，一般在 $10°\sim35°$ 之间。当倾角增大时，将增加筛上物料的抛掷强度，从而使物料在筛面上向前的运动速度加快，使筛机处理量提高，但物料在筛面停留时间缩短，减少颗粒透筛机会，使筛分效率降低。反之就会使处理量降低，从而提高筛分效率。有些直线振动筛筛面倾角可调，使筛分效率大大提高，被广泛应用。

（4）振动方向角

振动方向线与上层筛面之间的夹角称为振动方向角。振动方向角取值越大，物料每次抛掷运动所移动的距离越短，物料在筛面上向前的运动速度越慢，物料能够得到充分筛分，从而获得较大的筛分效率。一般情况，振动方向角为 $45°$。

（5）振幅和频率

振幅增大，筛孔堵塞现象将大大减少，同时也有利于物料的分层。增大振动频率，可以增加物料在筛面上的跳动次数，使得物料的透筛概率增加，有利于加快物料筛分速度和提高筛分效率。振幅的选择是根据被筛物料的粒度及性质来选用的，块偏心箱式直线振动筛振幅范围一般为 $4\sim7$mm，香蕉型直线振动筛振幅范围一般为 5mm。振动频率合理设定，有利于提高筛分效率，块偏心箱式直线振动筛振动频率一般为 14.8Hz，香蕉型直线振动筛振动频率一般为 $13.0\sim15.0$Hz。对于粒度较大的物料选用较大的振幅和较低的频率；对于粒度较细的物料，选用较小的振幅和较高的频率。

2. 圆振动筛

圆振动筛通常使用机械式轴偏心振动器或激振电动机，使筛箱产生一定频率和振幅的振动，实现物料不同粒径的筛分。圆振动筛有轴偏心的 YA 型系列和块偏心的 YK 型系列两大类，YA 型系列轴偏心圆振动筛具有结构合理、整机强度与刚度高、运行平稳、噪声低、维护方便、筛分效率高等特点，应用较为广泛。YA 型系列和 YK 型系列圆振动筛的基本技术性能参数分别由现行行业标准《轴偏心式圆振动筛》JB/T 7891 和《YKR 型圆振动筛》JB/T 6388 规定。

圆振动筛的技术性能参数类似直线振动筛，振动频率为 $11\sim15$Hz，振幅 $3.5\sim5.5$mm，筛面倾角为 $15°\sim35°$。其生产能力主要取决于不同型号的筛箱规格（筛面的宽度×长度）和筛孔尺寸。筛箱规格和筛孔尺寸越大，则生产能力越大，反之亦然。筛箱规格决定筛面面积，一般为 $4\sim14$m²，最大可到 30m²。例如，轴偏心式圆振动筛的筛孔尺寸为 6～50mm 或 30～150mm，生产能力对应为 80～800t/h 或 160～1700t/h；YKR 型圆振动筛的筛孔尺寸为 6～100mm，生产能力为 80～1260t/h。

圆形振动筛的筛面可设置 2～3 层，一次筛分可得到 2～3 种不同粒径的筛出物。

8.3.2 运行管理要求

（1）筛分技术是建筑垃圾处理过程中渣土预筛选、控制破碎粒径和对再生骨料分级的重要技术环节。在建筑垃圾处理中常用的筛分设备有固定筛、振动筛和滚筒筛三种类型。固定筛又可分为格筛和棒条筛两种，格筛一般安装在一级破碎（粗碎）之前，作用是确保入料粒度适宜，棒条筛一般用于二级破碎（粗碎和中碎）之前，实现物料的均匀给料及渣土预筛分；不同类型的振动筛，主要用于建筑垃圾处理过程中的粗、中、细粒的筛分；滚筒筛一般用于装修垃圾的预筛分处理（一级筛分）和二级细小骨料的筛分处理。

（2）建筑垃圾经过破碎之后的物料，由皮带输送（皮带机上方设有除铁器，输送的同时进行除铁）至筛分，通过筛分之后一般出四种物料，分别为 0～5mm、5～10mm、10～15mm、大于 15mm（根据用户需求设计），其中 5～10mm、10～15mm 的物料在出料之前进行轻物质处理（风选或水洗工艺），小于 15mm 的物料重新进入破碎形成闭路循环。

（3）与一级破碎配合的筛分，为一级筛分，物料量大且颗粒较大，选配的筛分机要求生产能力大、适应性强。固定式拆除垃圾处理设施一般采用生产能力较大的圆振动筛，筛分出的不同粒径物料进行后续二次破碎筛分；移动式拆除垃圾处理设施可使用 1～2 层筛面的直线振动筛，得到需要粒径的再生骨料。不符合要求的大粒径筛上物料，可返回该级破碎机再行破碎。

（4）二级破碎后的二级筛分，一般需要得 2～3 种粒径不同的再生骨料，可以采用 1～2 层筛面的直线振动筛，不符合要求的大粒径筛上物料，亦可返回该级破碎机再行破碎。

（5）振动筛的筛面与物料接触、摩擦，属于易损件；振动筛运行时处于连续振动状态，激振部件和运动连接件易于出现故障，设备选型与运行时需要重点关注。相关技术要求参见现行行业标准《振动筛制造通用技术条件》JB/T 5496。

8.4 分选

建筑垃圾分选设备主要包括风选机、磁选机（除铁器）和智能分拣机器人等。

风选设备的行业应用领域非常广泛，选矿、粮油加工、物资回收、造纸、环保等行业都有大量使用，类型也是多种多样。固废行业的风选设备是利用气流对混合垃圾中不同物料的作用力不同，通过吹送、吸送或者吹吸结合的方式，将垃圾中轻重不同的物料进行分离，从而达到物料分选目的的一种设备。目前，在建筑垃圾处理行业中，特别是装修垃圾处理，常使用风选设备。但是，适合建筑垃圾处理的风选机尚无国家和行业标准。

建筑垃圾中混杂着铁、氧化铁杂质，磁选机（除铁器）就是利用各种物质的磁性差异分离出建筑垃圾中铁磁性物质，以便统一回收利用。按照磁铁的种类，通常将磁选机分为永磁除铁器和电磁除铁器两大类。而按照卸铁方式通常将除铁器分为自卸式和手动式两大类，手动式除铁器当吸铁量达到一定程度时，需停电进行人工处理，不能实现自动化除铁。建筑垃圾处理实行规模化连续生产，故在选用设备时仅考虑自卸式除铁器，与承载物料的带式输送机配合使用。常用的是现行行业标准《悬挂式永磁除铁器》JB/T 8711 和《悬挂式电磁除铁器》JB/T 7689，其分别规定了 RCYD 系列自卸式永磁除铁器和 RCD□系列自卸式电磁除铁器两类。

此外，装修垃圾处理中，经滚筒筛、轻物质风选、磁选后，由于物料成分复杂，还常常使用智能分拣机器人，对重物质进行分拣分类，分拣出物料中的木块、塑料、玻璃、加气块等加以回收，余下的废混凝土块、碎砖石等去破碎筛分处理。该设备是利用不同物料在受到近红外线照射时会产生不同光谱特征的反射线，利用这些特征光谱可以实现对物料性质的辨识，从而实现物料分离。尚未见国内制造的建筑垃圾处理智能分拣机器人，偶见国内装修垃圾资源化处理示范工程中使用芬兰制造的智能分拣机器人。目前建筑垃圾处理适用的智能分拣机器人尚无国家和行业标准。

8.4.1 技术（设计）要求

1. 悬挂式除铁器

RCYD 系列自卸式永磁除铁器和 RCD□系列自卸式电磁除铁器，都是在除铁器主体上增加一套自动卸铁运行机构（一种滚筒皮带机，其运行方向与物料输送皮带机运行方向垂直），工作时将被除铁器吸附上来的铁磁性物质通过自动卸铁机构连续抛入收集箱内。

RCYD 系列自卸式永磁除铁器内部采用高矫顽力、高剩磁的特殊永磁体钕铁硼等材料组成复合磁系。具有免维护、磁力强、寿命长、节能、安装操作简便、运行可靠和环境适应性强等特点，适用于皮带机、振动输送机、电磁振动给料机、下料溜槽上的非磁性物料中除铁。可清除混杂在散装非磁性物料中 0.1~25kg 的铁磁性物质，内部永磁磁系使用寿命 10 年以上。RCYD 系列自卸式永磁除铁器的基本参数及技术要求等，由现行行业标准《悬挂式永磁除铁器》JB/T 8711 规定。以普通除铁器为例，其基本参数规定见表 8-9。

RCYD 系列自卸式永磁除铁器基本参数（普通型）　　表 8-9

基本参数	型号										
	RCY□ -5	RCY□ -6	RCY□ -8	RCY□ -10	RCY□ -12	RCY□ -14	RCYD -16	RCYD -18	RCYD -20	RCYD -22	RCYD -24
适用输送机带宽（mm）	500	650	800	1000	1200	1400	1600	1800	2000	2200	2400
额定悬挂高度（mm）	150	200	250	300	350	400	450	500	550	600	650
磁感应强度（mT）	≥63			≥65		≥68		≥71		≥74	
工作制	连续										

注：型号中"□"系特征代号，代表 B、D、F、P，其中，B 为人工卸铁式；D 为自动卸铁式；F 为翻板卸铁式；P 为手摇卸铁式。

RCD□系列自卸式电磁除铁器具有较强的磁场力、连续工作、操作与维护简便、除铁效率高、工作环境适应力强等特点，其基本性能参数由现行行业标准《悬挂式电磁除铁器》JB/T 7689 规定。以普通除铁器为例，其基本参数规定见表 8-10。

RCD□系列自卸式电磁除铁器基本参数（普通型）　　　表 8-10

基本参数	型号										
	RCD□ -5	RCD□ -6	RCD□ -8	RCD□ -10	RCD□ -12	RCD□ -14	RCD□ -16	RCD□ -18	RCD□ -20	RCD□ -22	RCD□ -24
适用输送机带宽（mm）	500	650	800	1000	1200	1400	1600	1800	2000	2200	2400
额定悬挂高度（mm）	150	200	250	300	350	400	450	500	550	600	650
励磁功率（kW）	≤1.2	≤3.0	≤5.0	≤7.0	≤9.0	≤12.0	≤16.0	≤19.0	≤22.0	≤27.0	≤32.0
热态磁感应强度（mT）	≥63			≥65			≥68		≥71		≥74
工作制	连续										

注：型号中"□"系特征代号，代表 A、B、C、D、E、F、G、H、J、K、L 和 M。对于自卸式电磁除铁器的特征代号"□"，仅有 C、D、F、H、K 和 M。

2. 智能分拣机器人

智能分拣机器人是一种具有学习能力、基于近红外光谱来分析目标物体材质的分拣机器人，不同物料在受到近红外线照射时会产生不同光谱特征的反射线，利用这些特征光谱可以实现对物料性质进行辨识。

智能分拣机器人的工作过程：待分选物料通过给料机均匀地布设在传送带上，经过光谱分析桥时，光谱分析桥发出近红外光对物料进行照射，同时光谱分析桥中的光谱接收相机接收物料反射的光谱信号，对特征光谱进行分析，一旦发现需要分离的物料，由激光定位仪确定物料位置，控制计算机会向抓取机械手发出控制信号，将物料抓取并放入相应的物料箱。

8.4.2　运行管理要求

建筑垃圾中混杂着钢筋等铁磁性物质，在建筑垃圾再生材料生产线中分离出金属物质，不仅可以保证处理的顺利进行，而且分离出的金属经回炉再加工后可以制成各种规格的钢材，以节约资源。悬挂式除铁器的悬挂高度应不大于现行行业标准中规定的额定悬挂高度，以保证除铁效果。

装修垃圾成分复杂，处理过程主要是分类分选，常使用智能分拣机器人将重物质中的木块、塑料、玻璃、加气块等，从废混凝土块、碎砖石等分拣出来并分类处理。使用智能分拣机器人，其工作效能一般是人工的 50 倍以上。若无智能分拣机器人，亦可使用人工分拣，但投入的人员多，劳动强度大。

8.5　资源化

拆除垃圾、工程垃圾、经分类分选后的装修垃圾，将其中废混凝土、碎砖石等生产出不同级配的再生骨料等初始产品。固定式拆除垃圾处理设施（厂），常对再生骨料进行深加工，制造经济价值较高的再生骨料混凝土、再生骨料砂浆、再生骨料砌块、再生骨料砖等建筑用再生产品，其产品执行现行行业标准《再生骨料应用技术规程》JGJ/T 240。相关指标要求见表 8-11、表 8-12。

<table>
<tr><th colspan="4" style="text-align:center">再生粗骨料指标要求</th><th>表 8-11</th></tr>
</table>

项目	Ⅰ类	Ⅱ类	Ⅲ类
微粉含量（按质量计）（%）	<1.0	<2.0	<3.0
泥块含量（按质量计）（%）	<0.5	<0.7	<1.0
吸水率（按质量计）（%）	<3.0	<5.0	<8.0
针片状颗粒（按质量计）（%）	<10	<10	<10
有机物	合格	合格	合格
硫化物及硫酸盐（折算成 SO_3，按质量计）（%）	<2.0	<2.0	<2.0
氯化物（以氯离子质量计）（%）	<0.06	<0.06	<0.06
杂物（按质量计）（%）	<1.0	<1.0	<1.0
质量损失（%）	<5.0	<10.0	<15.0
压碎指标（%）	<12	<20	<30
表观密度（kg/m³）	>2450	>2350	>2250
空隙率（%）	<47	<50	<53

<table>
<tr><th colspan="4" style="text-align:center">再生细骨料指标要求</th><th>表 8-12</th></tr>
</table>

项目		Ⅰ类	Ⅱ类	Ⅲ类
微粉含量（按质量计）（%）	MB 值<1.40 或合格	<5.0	<7.0	<10.0
	MB 值≥1.40 或不合格	<1.0	<3.0	<5.0
泥块含量（按质量计）（%）		<1.0	<2.0	<3.0
云母含量（按质量计）（%）		<2.0		
轻物质含量（按质量计）（%）		<1.0		
有机物含量（比色法）		合格		
硫化物及硫酸盐含量（按 SO_3 质量计）（%）		<2.0		
氯化物含量（以氯离子质量计）（%）		<0.06		
饱和硫酸钠溶液中质量损失（%）		<8.0	<10.0	<12.0
单级最大压碎指标值（%）		<20	<25	<30
表观密度（kg/m³）		>2450	>2350	>2250
堆积密度（kg/m³）		>1350	>1300	>1200
空隙率（%）		<46	<48	<52

　　常用冲击式制砂机以再生粗骨料等为原料，进一步加工生产再生细骨料或砂粉料等，用于生产制造混凝土砂浆、再生骨料砌块（砖）等。

8.5.1　技术（设计）要求

1. 冲击式制砂机

　　冲击式制砂机原理是物料被高速旋转的转子加速，动能迅速增加，被抛出撞击而碎裂。在建筑垃圾资源化利用处理过程中，中间产品或目标产品为一定粒径的再生骨料，在再生骨料的基础上可进一步制成砂料，用于制备不同种类的混凝土（例如干混砂浆）。因此，以再生骨料为原料，使用冲击式制砂机生产再生砂料。冲击式制砂机的基本参数和技术要求等由现行行业标准《冲击式制砂机》JC/T 1013 规定。冲击式制砂机的性能要求可归纳为：

（1）适用于抗压强度小于 300MPa、粒径小于 30～70mm 的物进料（砂石骨料）。

（2）出料中粒径小于 4.75mm 的砂粒料不少于 30%。

（3）不同规格型号的生产能力范围为 20～450t/h。

2. 干混砂浆生产成套设备

以再生细骨料为原料，使用干混砂浆生产成套设备（线）生产再生干混砂浆，该成套设备（线）是以能够完成生产规定要求的干混砂浆为目标产品的一系列设备组合，一般由热能设备、干燥冷却设备、筛分装置、供料系统、储存系统、配料装置、搅拌系统、包装系统、散装系统、除尘系统、电气系统等组成。干混砂浆生产成套设备（线）的基本参数与技术要求等由现行行业标准《建筑施工机械与设备干混砂浆生产成套设备（线）》JB/T 11186 规定，主要性能要求归纳为：

（1）标准测定工况：环境温度为 20℃，标准大气压，无雨，风速不大于 3.0m/s，湿砂含水率为 7%，每吨干混砂浆按干砂 1050kg、水泥 350kg 配制。

（2）不同型号设备的理论生产率［在标准测定工况下，干混砂浆生产成套设备（线）每小时生产匀质性合格的干混砂浆量］范围为 5～200t/h。

（3）干混砂浆生产成套设备（线）的可靠性试验时间为 300h，首次故障前工作时间不少于 100h，平均无故障时间不少于 200h，可靠度不小于 85%。

8.5.2　运行管理要求

（1）建筑垃圾资源化利用处理的初级目标产品为再生骨料，工艺方案设计与处理设备配置时，再生骨料的品质应满足国家现行标准《再生骨料应用技术规程》JGJ/T 240、《混凝土和砂浆用再生细骨料》GB/T 25176 和《混凝土用再生粗骨料》GB/T 25177 的要求。

（2）建筑垃圾资源化处理的一级或二级破碎筛分得到一定粒径的再生骨料后，可使用符合现行行业标准《冲击式制砂机》JC/T 1013 规定的冲击式制砂机制备再生细骨料。并且，一次制备只能得到部分需要粒径的砂料（约 50%），需要采用筛分后返回制砂机的循环制备工艺。

（3）以再生细骨料为原料，使用干混砂浆生产成套设备（线）生产再生干混砂浆时，再生细骨料应满足现行行业标准《混凝土和砂浆用再生细骨料》GB/T 25176 规定的 4.75mm 以下的再生骨料品质要求。

8.6　实践思考和建议

国内尚未形成建筑垃圾资源化处理专用设备产品及其标准体系。建筑垃圾资源化处理厂的设备集成、性能和质量指标往往达不到预期的效果，特别是产能达不到设计要求，处理工艺与设备集成技术尚不成熟，设备运行不稳定等因素影响了该新兴产业的健康发展。应尽快组织构建标准体系，包括建筑垃圾破碎机、建筑垃圾筛分机、建筑垃圾输送设备、建筑垃圾取样与分析方法等，规范建筑垃圾资源化处理行业的发展。

受污染建筑废物再生利用，其再生品具有极大的环境风险，需要对建筑废物再生利用进行合理监管，以规避建筑废物再生品危害人类健康和生态环境。我国在建筑废物再生品利用环境风险监管上尚处于空白，缺乏针对建筑废物拆除、分类、回收、再生利用、污染控制过程中的相关法规。尽快制定建筑废物分类及再生利用的法律法规及相关标准，明确建筑废物拆除、分类、再生利用过程的监管权责，加强建筑废物拆除、分类回收、再生利用技术研发，改良再生产品生产工艺，落实行政和经济管理手段，促进建筑废物回收利用。

第9章 粪便处理

粪便主要来源于城镇倒粪池、公共旱厕、公共水厕储粪池（无管网）、公共水厕化粪池、粪便转运站及农村改厕储罐等地方的人类粪水、粪渣等。粪便处理设施应结合城镇发展规划，结合不同地区城市规模、地域位置，做好粪便处理近远期的建设方案，粪便处理宜以预处理工艺为主，尾水纳入污水处理厂处理。

粪便处理设施主要包含接收系统、固液分离系统、输送系统、储存调节系统、絮凝脱水系统等。

9.1 相关标准

GB 7959—2012 粪便无害化卫生要求

GB/T 29151—2012 城镇粪便消纳站

GB 50204—2015 混凝土结构工程施工质量验收规范

GB 50231—2009 机械设备安装工程施工及验收通用规范

CJJ 30—2009 粪便处理厂运行维护及安全技术规程

CJJ 64—2009 粪便处理厂设计规范

CJJ/T 211—2014 粪便处理厂评价标准

JB/T 11379—2013 粪便消纳站 固液分离设备

JB/T 11380—2013 粪便消纳站 絮凝脱水设备

JB/T 13168—2017 粪便消纳站无轴螺旋输送设备

9.2 接收系统

9.2.1 一般要求

（1）粪便接收系统位于整套处理系统的最前端，应防止泄污过程中飞溅、泄漏，接受口与吸粪车排放口应严密对接。

（2）粪便接收系统应配套平衡装置，以降低操作人员的作业强度。接受口由不锈钢和内含钢丝橡胶制成。接受口结构为全密封，能满足吸粪车卸粪时粪渣污泥依靠重力自动流入接收箱体、无外溢现象出现，而且在整个运行过程中没有臭味溢出。

（3）卸粪完毕后，为便于接受口及吸污车排放口清洁工作，接受口位置应设置冲洗装置。

（4）为防止臭气外溢，接受口应配备封盖。

（5）接受口由柔性软管和快装接头组成，快装接头与吸污车的排放口相匹配，柔性软管具有一定的强度和韧性且便于操作。快装接头设置吊钩，并配备相应的吊件以固定接受口，在接粪口管配封盖以避免臭气外溢。

（6）为便于操作，接受口应配备平衡配重装置。

9.2.2 技术（设计）要求

《粪便处理厂设计规范》CJJ 64—2009 针对接受设施的规定：

粪便处理厂应设置接受设施，接受设施宜设若干个粪便接受口并应采取密封措施，应采用密闭对接方式卸粪。接受设施数量应按照《粪便处理厂设计规范》CJJ 64—2009 针对接受设施的规定计算，接受口结构示意如图 9-1 所示。

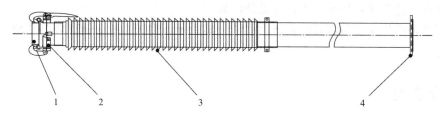

图 9-1 接受口结构示意
1—车辆卸粪公口；2—卸粪母口；3—卸粪软管；4—卸粪钢管

9.2.3 施工要求

接受口安装前，墙体应该预留穿墙洞，安装位置应高于吸污车尾部泄污口标高。平衡装置配重应安装在操作人员不常出现位置。接受口硬管连接段安装应考虑坡度，避免卸料完毕之后管内积液。

9.2.4 运行管理要求

（1）接受口接受的原料应是吸粪车清运的人粪便。

（2）接受粪便过程中接受口与吸粪车排放管应对接严密。采用水封的接受口应保持水封高度，寒冷地区应采取防冻措施。

（3）接受口与吸粪车排放管应对接严密的规定是为了防止粪便遗撒而造成污染。为防止池内臭气外逸，提出保持水封高度的要求。卸粪完毕后，吸粪车应及时退出作业区，吸粪车的清洗不得在卸粪作业区进行。吸粪完毕后，操作人员应及时清理和洗刷接受口、吸粪车排放管口及地面可能遗撒的粪便。

（4）具体运行管理要求应符合《粪便处理厂运行维护及安全技术规程》CJJ 30—2009 对接受设施的规定。

9.3 固液分离

固液分离机主要由进料口、密封箱体、螺旋轴、驱动装置、臭气收集口、滤网部件、排料口等组成。介质从进料口流入箱体，先进入重力分选区。粪液中密度大的固体（砂石等大块重物）在重力分选区底部沉淀，实现大块重物的自动分拣，沉淀物被排渣螺杆提升压榨脱水，直至固含量到 35% 以上，最后从出料口排出。漂浮物、悬浮物随粪液进入格栅区。转鼓式格栅将大块漂浮物固体物截留，实现固液分离。被拦截的滤渣经过冲洗水的洗涤后被螺杆提升进入压榨腔，并在压榨腔内脱水，固渣从出料口排出。清洗装置定时清洗转耙及压榨腔，清洗设备的同时冲出物料中的可溶解物质，压榨出水和清洗水将从导流管返回污水中。通过格栅区的粪液进入沉砂区，粪液中的细小砂粒逐渐沉淀在沉砂区底部，底部螺旋将沉砂区底部的沉淀砂传送到集渣区，由排渣螺杆连同前端的大块重物一起提升排出。

9.3.1 一般要求

设备中漂浮物分离粒径不应大于 20mm，同时具有大块重物分拣、除砂、过滤、传输、压榨五个功能，设备出料口采用无轴螺旋输送机输送，统一装箱转运，应符合现行行业标准《粪便消纳站无轴螺旋输送设备》JB/T 13168 的规定。

9.3.2 技术（设计）要求

固液分离机宜为一体化设备，应具备大块沉淀物分离、自动收集、自动提升、自动沉降砂砾、收集—提升—压榨功能，还具有自动冲洗功能、除臭吸风口、自动启停功能及故障自动报警功能。

固液分离机应能截留粪便中粒径在 15mm 以上的固体杂物，分离后的粪液中固体长、宽、高尺寸应不大于 20mm，应将栅滤后液体中的细砂高效分离和排出。排砂螺杆螺旋片的厚度不宜小于 8mm。栅筐宜成圆柱状，栅条或筛孔板厚度不宜小于 4mm。分离出的固体含固率应大于 35%。固液分离设备运转过程中不应发生缠绕现象。

固液分离过程宜在密闭的条件下进行。固液分离机宜设置在室内。机壳上应设置收集臭气的吸风罩，应保证臭气收集系统与其连接形成负压运行。产生的固体杂物应打包后再进行卫生填埋或焚烧处置。

具体固液分离机设计要求应符合现行行业标准《粪便处理厂设计规范》CJJ 64 的规定。

具体固液分离机的性能设计要求应符合现行行业标准《粪便消纳站 固液分离设备》JB/T 11379 的规定。

9.3.3 施工要求

（1）粪便固液分离装置属于大型设备，施工现场应具备完备的吊装设备，用于装置的吊装就位。

（2）设备基础质量要求应符合现行国家标准《混凝土结构工程施工质量验收规范》GB 50204 的规定。

（3）粪便固液分离装置安装前需对基础槽地面进行找平处理，并对安装地点及附近的建筑材料、泥土、杂物等清除干净。

（4）胀锚螺栓的中心线应按施工图放线。胀锚螺栓的中心至基础或构件边缘的距离不得小于胀锚螺栓公称直径（d）的 7 倍，底端至基础底面的距离不得小于 $3d$，且不得小于 30mm；相邻 2 根胀锚螺栓的中心距离不得小于 $10d$。

（5）设备设施安装应符合现行国家标准《机械设备安装工程施工及验收通用规范》GB 50231 的规定。

9.3.4 运行管理要求

（1）固液分离机带负荷运行前，应空载点动试车。空车试机是为了检查固液分离机是否可运行正常，否则容易造成设备损坏。

（2）固液分离的固体杂物应及时清除并统计计量。清除的固体杂物应打包后采取最终卫生处置措施。固液分离机工作时，操作人员应监视机电设备的运转情况，发现故障应立即停机检修。

（3）固液分离机运行中出现异常情况应及时停机检修；故障排除后，也应空转 3～5min，以检验设备修复情况。每日工作完毕，应对固液分离机彻底清洗。固液分离完毕后对固液分离机彻底清洗的目的是防止形成泥垢，从而影响介质流动甚至堵塞。

（4）固液分离机的运行管理应符合现行行业标准《粪便处理厂评价标准》CJJ/T 211 和《粪便处理厂运行维护及安全技术规程》CJJ 30 的规定。

9.4　螺旋输送系统

粪便消纳站无轴螺旋输送设备由螺旋叶片、衬板、壳体、驱动装置、电气控制系统、进料口、出料口、支腿等组成。为防止臭气外溢，输送机应设置专用除臭吸风对接口。

采用无轴螺旋输送方式，充分避免了采用有轴螺旋输送形式大块漂浮物及丝织物等与轴发生缠绕的问题。同时密闭运行、配备专用除臭吸风口又避免了采用带式输送形式臭气外溢及挂料的问题。运行时与粪便消纳站固液分离设备联动运转，固渣自动落入进料口，操作简便，运行稳定。

9.4.1 一般要求

（1）粪便消纳站固液分离设备固渣优先采用无轴螺旋输送形式。

（2）为防止腐蚀，与介质接触部分材质应选择不锈钢。

（3）为防止臭气外溢，输送机应设置盖板，并有专用除臭吸风对接口。

9.4.2 技术（设计）要求

因固液分离压榨出的物质存在较多长条丝织物、团状絮状物等极易缠绕在有轴螺旋轴管部分，所以采用无中心轴设计，利用具有一定柔性的整体钢制螺旋推送物料，具有抗缠绕性强的突出优点的输送机，即无轴螺旋输送机。

无轴螺旋输送机适用于输送颗粒和粉状物料、湿的和糊状物料、半流体和黏性物料、易缠绕和易堵塞物料、有特殊卫生要求的物料。

螺旋叶片工作面应平整，无裂纹、飞边、毛刺；叶片厚度应不小于 16mm；高度不应小于 60mm。因叶片柔性下垂较大，相对衬板应选择耐磨材质并便于更换。壳体不应有漏水或渗水现象，如果输送较湿的介质，并且输送机有一定角度，应在螺旋最低点设置排空阀及排空地漏。粪便消纳站无轴螺旋输送设备应符合现行行业标准《粪便消纳站无轴螺旋输送设备》JB/T 13168 的相关规定。

9.4.3 施工要求

无轴螺旋输送机安装过程中支腿位置应根据现场基坑、角度灵活调整，不应影响人行过道或渣箱置放。

进料口位置应与固液分离设备出料口横向中心线垂直平行。

除臭吸风口位置应靠近墙面制作。

9.4.4 运行管理要求

无轴螺旋输送机运行时进料口不得积料，在开启排料设备前，应先开启无轴螺旋输送机，防止进料口堵塞。运行时出料口应考虑与渣箱之间采用柔性连接，保障密闭性，同时考虑除臭集气罩。运行时出料口应定期巡视，避免因物料自然堆积堵住出料口，导致设备卡死。

9.5 储存调节系统

存储调节池主要起到调节水量、水质的功能，系统应包括沉砂池、调节池、搅拌器。沉砂池对固液分离之后的液体进行二次沉淀，将其中部分固液分离阶段没有沉淀的细颗粒再次沉淀，溢流至调节池，主要功能为避免调节池因操作不当造成不必要的清掏。调节池中搅拌器可以采用机械搅拌，也可以采用水力搅拌，搅拌的目的主要是防止粪便污水表面结痂。机械搅拌常用潜水搅拌器，水力搅拌常用大流量立式无堵塞排污泵。

9.5.1 一般要求

存储调节池或箱体应具备二次沉砂功能，并便于开盖清理。有效容积应满足 1d 的总处理量的 100%～150%。存储调节池或箱体内应具备搅拌功能。存储调节池或箱体内应具备液位显示功能。设备应具有除臭吸风管路及吸风口。

9.5.2 技术（设计）要求

调节池池体内需整体进行防水防腐处理，进过固液分离设备去除大块物和杂物的粪液进入调节池，起到均质和缓冲的作用；一般池体容积应满足项目 1d 的处理量规模；定期对调节池浮渣进行清理，防止长时间淤积造成排污泵堵塞的条件生成。

依据国家现行标准《城镇粪便消纳站》GB/T 29151 和《粪便处理厂设计规范》CJJ 64 的相关要求进行调节池设计。

9.5.3 施工要求

存储调节池或箱体采用钢制箱体结构时，箱体应保障密闭性要求，避免臭气外溢。内外部应做好防腐工作。

采用机械搅拌时，搅拌器上方应设专用安装孔，不得与人孔混用。采用水力搅拌时，循环管道安装应避开人孔或其他安装孔。存储调节池或箱体应保障密闭性。

9.5.4 运行管理要求

采用水力搅拌时应定期对循环泵进口进行反冲，防止泵前形成淤积。为防止粪液分层和结痂，搅拌系统应根据实际情况循环运行。沉砂池应定期检查，当沉砂量超过箱体深度2/3时应及时清掏，避免沙粒流入调节池。沉砂池日常工作中应保持负压状态，避免臭气外溢。依据现行行业标准《粪便处理厂评价标准》CJJ/T 211 和《粪便处理厂运行维护及安全技术规程》CJJ 30 的相关要求进行运行管理。

9.6 絮凝脱水系统

絮凝脱水系统主要由全自动制药装置、脱水机、冲洗装置、污泥泵、输药泵等构成。其中脱水机采用螺压式脱水机，该类型脱水机低转速、全封闭、可连续运行，适用于粪便污水处理。全自动制药装置自动配制絮凝药液，当脱水机启动时，污泥泵将调节池污水输送至脱水机反应器内，期间输药泵自动将配制好的药液均匀地输送至脱水机反应器。污水中悬浮物与药液充分反应后形成团状物并进入脱水机腔体，清液滤出并流走，大于0.3mm 的悬浮物因絮凝作用被截留在滤网内部形成污泥。污泥被变螺距的叶片不断提升并压榨，最终排出。

9.6.1 一般要求

截留污泥中有大于0.3mm 的颗粒物及纤维等，出渣含水率20%～30%，出渣含固率应可调节。设备应具备自动清洗、药剂自动投加、自动故障报警功能和除臭吸风口。

9.6.2 技术（设计）要求

絮凝脱水设备技术（设计）要求应符合现行行业标准《粪便消纳站　絮凝脱水设备》JB/T 11380 的相关要求。

脱水设备应根据使用特性和脱水要求进行选型，采用螺压式脱水机时应符合低转速、全封闭、可连续运行的要求；有限制和调节泥层厚度的功能；备有单独的滤网自动冲洗系统，滤网应选用强度高的不锈钢材料；压榨螺杆的转速应可调节；脱水后泥饼含固率为18%～25%，见表9-1。

絮凝脱水设备性能指标　　　　　　　　　　　　　　　　　表 9-1

脱水污泥（含固量）（%）	滤液悬浮物（SS）（%）
18～25	<0.3

脱水机的絮凝剂制备及投加系统应包括储药、投药、溶药、稀释、投加等过程，系统能力应与脱水机配套。

絮凝剂种类应根据粪便性质、固体浓度和污泥最终出路等因素选用，宜采用有机高分子絮凝剂。适宜的投药量应进行投药量试验确定，采用自动化控制。

絮凝剂进料泵应采用机械密封或填料密封，轴封处应设泄漏回收装置。泵的流量、出口压力应满足脱水机的使用要求，应配置运行保护和过载保护装置。

所有与药液接触的零部件均应使用耐腐蚀材料。

9.6.3　施工要求

絮凝脱水装置入场施工时，施工现场应具备完备的吊装设备，用于装置的吊装就位。

设备基础的位置、几何尺寸和质量要求，应符合现行国家标准《混凝土结构工程施工质量验收规范》GB 50204 的规定，并应有验收资料或记录。

絮凝脱水装置安装前需对基础地面进行找平处理，并对安装施工地点及附近的建筑材料、泥土、杂物等清除干净。

装设胀锚螺栓应符合胀锚螺栓的中心至基础或构件边缘的距离不得小于胀锚螺栓公称直径（d）7 倍的规定，底端至基础底面的距离不得小于 $3d$，且不得小于 30mm；相邻 2 根胀锚螺栓的中心距离不得小于 $10d$。设备设施安装应符合现行国家标准《机械设备安装工程施工及验收通用规范》GB 50231 的规定。

9.6.4　运行管理要求

（1）依据现行行业标准《粪便处理厂运行维护及安全技术规程》CJJ 30 的相关要求进行运行管理。

（2）如果设备间歇运行，在停机时间不超过 12h 的情况下，应将设备反应器内污泥排尽，同时将脱水机筛网清洗干净。

（3）如果设备需要停止运行超过 24h，应将脱水机腔体内污泥排空，同时滤网清洗干净。

（4）打开观察窗，观察是否有未清洗干净的部位，如果有淤积的污泥，再次用水管冲洗干净。最后清洗外表面，保持外表清洁。一定要将设备内淤积的污泥冲洗干净，减少设备被氧化腐蚀的可能。

（5）技术人员应随时根据污水浓度情况及时调整药剂的投加量。

（6）技术人员应随时根据污泥含固率及时调整脱水机转速或者污泥泵转速。

（7）其他要求应符合现行行业标准《粪便处理厂评价标准》CJJ/T 211 的相关规定。

9.7　实践思考和建议

（1）目前，粪便处置过程中的卸料位置等环节仍需人工操作，随着中国人口老龄化问题加剧，前端体力操作人员越来越匮乏，粪便处理工艺应逐步转向自动化，减少对人工依赖，改善工作环境。

（2）粪便污水目前的主流处理工艺是将粪便污水作为污染物处置，既增加了处理难度，又造成资源的浪费，未来政策及标准导向建议适当转向资源化利用方向，将粪便中氮、磷、钾等营养物质充分提取制作液态肥。

第10章 渗沥液处理

渗沥液是指垃圾在堆放、转运和处理过程中，由于物理、生物、化学作用，同时在降水和其他外部来水的渗流作用下产生的含高浓度污染物的液体，通常可分为生活垃圾填埋场渗沥液、生活垃圾焚烧厂渗沥液和生活垃圾转运站渗沥液，其水质范围参见表 10-1、表 10-2（生活垃圾转运站渗沥液水质范围可参考同类地区焚烧厂渗沥液水质范围）。

典型填埋场（调节池）不同年限渗沥液的水质范围 表 10-1

类别项目	填埋初期渗沥液（<5 年）	填埋初期渗沥液（≥5 年）	封场后渗沥液
COD（mg/L）	6000～30000	2000～10000	1000～5000
BOD_5（mg/L）	2000～20000	1000～4000	300～2000
NH_3-N（mg/L）	600～3000	800～4000	1000～4000
SS（mg/L）	500～4000	500～1500	200～1000
pH	5～8	6～8	6～9

垃圾焚烧厂渗沥液典型水质范围 表 10-2

项目	COD（mg/L）	BOD_5（mg/L）	NH_3-N（mg/L）	SS（mg/L）	pH
指标	40000～80000	20000～40000	1000～2000	7000～20000	5～7

渗沥液具有污染物成分复杂多变、水质变化大、水量波动较大、有机污染物浓度高（COD 浓度高）、氨氮浓度高、重金属离子与盐分含量高、C/N 比失调等特性，是各种垃圾处理设施的难点。

渗沥液处理工艺可以分为预处理、生物处理和深度处理三个主要环节，根据渗沥液不同的水质特点，可选择"预处理＋生物处理"或"预处理＋生物处理＋深度处理"的组合工艺。其中预处理工艺包括格栅、混凝沉淀等；生物处理包括厌氧生物处理和膜生物反应器等；深度处理包括纳滤、反渗透、高级氧化、蒸发和浓缩等。

10.1 相关标准

GB 150.1—2011 压力容器 第 1 部分：通用要求

GB 150.4—2011 压力容器 第 4 部分：制造、检验和验收

GB/T 151—2014 热交换器

GB/T 700—2006 碳素结构钢

GB/T 1220—2007 不锈钢棒

GB/T 3280—2015 不锈钢冷轧钢板和钢带

GB/T 4237—2015 不锈钢热轧钢板和钢带

GB/T 28741—2012 移动式格栅除污机

GB/T 33898—2017 膜生物反应器通用技术规范

GB 50108—2008 地下工程防水技术规范

GB 50141—2008 给水排水构筑物工程施工及验收规范

GB 50204—2015 混凝土结构工程施工质量验收规范

GB 50205—2020 钢结构工程施工质量验收标准

GB 50235—2010 工业金属管道工程施工规范

GB 50268—2008 给水排水管道工程施工及验收规范

GB 50352—2019 民用建筑设计统一标准

CJ/T 279—2008 生活垃圾渗滤液碟管式反渗透处理设备

CJ/T 485—2015 生活垃圾渗沥液卷式反渗透设备

CJ/T 517—2017 生活垃圾渗沥液厌氧反应器

CJJ 60—2011 城镇污水处理厂运行、维护及安全技术规程

CJJ 150—2010 生活垃圾渗沥液处理技术规范

CJJ/T 264—2017 生活垃圾渗沥液膜生物反应处理系统技术规程

HG/T 5224—2017 蒸汽再压缩蒸发器

HG 20520—1992 玻璃钢/聚氯乙烯（FRP/PVC）复合管道设计规定

HJ/T 262—2006 环境保护产品技术要求　格栅除污机

HJ/T 270—2006 环境保护产品技术要求　反渗透水处理装置

HJ 353—2019 水污染源在线监测系统（COD_{Cr}、NH_3-N 等）安装技术规范

HJ 2006—2010 污水混凝与絮凝处理工程技术规范

HJ 2010—2011 膜生物法污水处理工程技术规范

HJ 2013—2012 升流式厌氧污泥床反应器污水处理工程技术规范

HY/T 113—2008 纳滤膜及其元件

HY/T 114—2008 纳滤装置

NY/T 1220.3—2019 沼气工程技术规范　第 3 部分：施工及验收

JB/T 8828—2001 切削加工件　通用技术条件

NB/T 47004.1—2017 板式热交换器　第 1 部分：可拆卸板式热交换器

10.2　预处理

10.2.1　一般要求

渗沥液预处理系统主要对渗沥液进行暂存、均量、均质等，便于后续设施对其中污染物有效处理，确保系统出水达标排放，预处理系统包括格栅和混凝沉淀等单元。

格栅由一组或数组平行的金色栅条、塑料齿钩或金属筛网、框架及相关装置组成，倾斜安装在污水渠道、泵房集水井的进口处或污水处理构筑物的前端，用来截留污水中较粗大的漂浮物和悬浮物。

混凝沉淀系统主要包括混凝沉淀池、混凝剂和助凝剂等。混凝沉淀池是废水处理中沉淀池的一种，又称为絮凝沉淀池。混凝絮凝过程是工业用水和生活污水处理中基本的也是

极为重要的处理过程，与其他物理化学方法相比，具有出水水质好、工艺运行稳定可靠、经济实用、操作简便等优点。混凝沉淀池按池内水流方向可分为平流式混凝沉淀池、竖流式混凝沉淀池、新型混凝沉淀池等。

10.2.2 技术（设计）要求

1. 格栅

格栅设计的主要参数是确定栅条间隙宽度。栅条间隙宽度与处理规模、污水性质及后续处理设备选择有关，一般以不堵塞水泵和污水处理厂（站）的处理设备，保证整个污水处理系统能正常运行为准则。

渗沥液处理宜设粗格栅、细格栅。粗格栅常用类型为钢绳式粗格栅和高链式粗格栅，拦截大块的杂物；细格栅常用类型为转鼓式细格栅和回转式细格栅，用于拦截小粒径的杂物。

（1）格栅除污机选用的材质应满足现行国家标准《不锈钢冷轧钢板和钢带》GB/T 3280、《不锈钢热轧钢板和钢带》GB/T 4237、《不锈钢棒》GB/T 1220 及《碳素结构钢》GB/T 700 的要求，与腐蚀性介质接触的零部件应采用耐腐蚀材料制造，或采用有效的涂装防腐蚀措施，机械加工件的质量应满足现行行业标准《切削加工件 通用技术条件》JB/T 8828 的要求。

（2）移动式格栅除污机在安装倾角 90°的状态下，耙斗的齿耙额定载荷应满足表 10-3 的规定，其他参数应满足现行国家标准《移动式格栅除污机》GB/T 28741 的相关要求。

齿耙额定载荷 表 10-3

齿耙宽度（mm）	≤1200	1200~2000	2000~2500	2500~3000	3000~4000
齿耙额定载荷（kg）	≥250	250~1000	1000~1250	1250~1800	1800~2400

（3）栅隙、安装倾角度和齿耙运行速度是格栅机的重要基本参数，应满足现行行业标准《环境保护产品技术要求 格栅除污机》HJ/T 262 的相关规定，见表 10-4、表 10-5。

回转式格栅机的基本参数 表 10-4

项目	系列
机宽（mm）	300、400、500、600、700、800、900、1000、1200、1500
栅隙（mm）	1、3、5、10、20、30、40、50
安装倾角度（°）	60~80
齿耙运行速度（m/min）	1.5~3.5

链传动式格栅机的基本参数 表 10-5

项目	系列
机宽（mm）	800、1000、1200、1400、1600、1800、2000、2200、2600、2800、3000、3200、3400、3600、3800、4000
栅隙（mm）	10、20、30、40、50、60、70、80、90、100
安装倾角度（°）	60~80
齿耙运行速度（m/min）	1.5~3.5

2. 混凝沉淀

混凝沉淀池应根据渗沥液进水水质、水量、后续处理单元水质的要求，并考虑渗沥液水温变化、水质水量均匀程度以及是否连续运转等因素确定。

混凝反应设备的基本参数包括反应时间和反应池的平均速度梯度等，应满足《污水混凝与絮凝处理工程技术规范》HJ 2006—2010 的相关要求：

（1）根据污水特性及反应池形式的不同，反应时间 T 一般宜控制在 15～30min。

（2）反应池的平均速度梯度 G 一般取 70～20s^{-1}，GT 值应为 10^4～10^5，速度梯度 G 及反应流速应逐渐由大到小。

（3）反应池应尽量与沉淀池或者气浮池合并建造。如确需用管道连接时，其流速应小于 0.15m/s。

（4）反应池宜优先采用机械搅拌方式。

《污水混凝与絮凝处理工程技术规范》HJ 2006—2010 指出，计量泵一般采用隔膜泵，投加压力较高的场合宜采用柱塞泵；混凝剂或助凝剂的投加宜选用自动控制计量泵；投加特殊药剂时应注意计量泵及系统配件材质的耐腐蚀要求。

药剂混合设备应根据水量、水质、pH 等条件综合分析后确定；宜采用管式混合器、机械混合器、水泵混合装置等。

常用混凝剂和助凝剂及适用条件，见表 10-6、表 10-7。

常用混凝剂及适用条件　　　　　　　　　　　　　　　　　　　　　表 10-6

混凝剂		水解产物	适用条件
铝盐	硫酸铝 $Al_2(SO_4)_3 \cdot 18H_2O$	Al^{3+} $[Al(OH)_2]^+$ $[Al_2(OH)_n]^{(6-n)+}$	适用于 pH 高、碱度大的渗沥液。 破乳及去除渗沥液中有机物时，pH 宜在 4～7 之间。
	明矾 $KAl(SO_4)_2 \cdot 12H_2O$	Al^{3+} $[Al(OH)_2]^+$ $[Al_2(OH)_n]^{(6-n)+}$	去除渗沥液中悬浮物，pH 宜控制在 6.5～8，适用水温 20～40℃
铁盐	三氯化铁 $FeCl_3 \cdot 6H_2O$	$Fe(H_2O)_6^{3+}$ $[Fe_2(OH)_n]^{(6-n)+}$	对金属、混凝土、塑料具有腐蚀性。 亚铁离子需先经氧化成三价铁，当 pH 较低时需曝气充氧或投加助凝剂氯氧化。
	硫酸亚铁 $FeSO_4 \cdot 7H_2O$	$Fe(H_2O)_6^{3+}$ $[Fe_2(OH)_n]^{(6-n)+}$	pH 的适用范围宜在 7～8.5 之间。 絮体形成较快、较稳定，沉淀时间短
聚合盐类	聚合氯化铝（PAC） $[Al_2(OH)_nCl_{6-n}]_m$	$[Al_2(OH)_n]^{(6-n)+}$	受 pH 和温度影响较小，吸附效果稳定。 pH 为 6～9，适应范围宽，一般不必投加碱剂。 混凝效果好，耗药量少，出水浑浊度低、色度小，渗沥液高浊度时尤为显著。 设备简单，操作方便，劳动条件好
	聚合硫酸铁（PFS） $[Fe_2(OH)_n(SO_4)_{6-n}]_m$	$[Fe_2(OH)_n]^{(6-n)+}$	
有机高分子类	聚丙烯酰胺（PAM）	—	通常用于铝盐、铁盐混凝反应完成后的絮凝，其用量通常应小于 0.3～0.5mg/L。 聚丙烯酰胺固体产品不易溶解，宜在有机械搅拌的溶解槽内配置成 0.1%～0.2% 的溶液再进行投加，稀释后的溶液保存期不宜超过 1～2 周

常用助凝剂及适用条件　　　　　　　　　　　　　　　表 10-7

助凝剂	适用条件
氯 Cl_2	需要处理高色度渗沥液、破坏渗沥液中残留有机物结构及去除臭味时，可在投混凝剂前先投氯，以减少混凝剂用量； 用硫酸亚铁作混凝剂时，为使二价铁氧化成三价铁可在渗沥液中投氯
石灰 CaO	用于去除渗沥液中的 CO_2，调整 pH 时； 需增大絮体密度，加速絮体沉淀时； 需增强泥渣脱水性能时； 需补充渗沥液碱度时
氢氧化钠 $NaOH$	需调整渗沥液的 pH 时

10.2.3　施工要求

混凝与絮凝工艺的施工与验收应满足现行国家标准《给水排水构筑物工程施工及验收规范》GB 50141、《混凝土结构工程施工质量验收规范》GB 50204 和《钢结构工程施工质量验收标准》GB 50205 的要求，并根据设计的进水水质、出水水质要求，检验相应的水质指标，如 COD、pH、色度、油、SS、浊度等，提交相关检测报告。

10.2.4　运行管理要求

格栅除污机运行应平稳可靠，连续运转无故障工作时间和正常工作寿命等参数应满足《环境保护产品技术要求　格栅除污机》HJ/T 262—2006 的相关要求：

（1）格栅除污机在运行过程中，齿耙、传动机构等运动部件应运转灵活、平稳，无卡滞、无碰撞、无梗阻、无异声等现象，整机运行平稳可靠。

（2）在正常工况条件下，格栅除污机平均无故障运行时间应不少于 2000h，正常工作寿命应不少于 15 年；格栅除污机的运行噪声不大于 80dB(A)。

10.3　厌氧生物处理

10.3.1　一般要求

一般针对垃圾焚烧厂新鲜渗沥液宜采用厌氧生物处理。

渗沥液处理工程实践中的厌氧反应器形式主要包括 UASB 反应器、IC 反应器、UBF 反应器、ABR 反应器以及 CBF 反应器等，反应温度主要分为常温厌氧（20~30℃）及中温厌氧（33~38℃）。

10.3.2　技术（设计）要求

《生活垃圾渗沥液厌氧反应器》CJ/T 517—2017 规定了生活垃圾渗沥液厌氧反应器的结构和设计要求：生活垃圾渗沥液厌氧反应器主要由容器、布水器、三相分离器（或填料分离器）、污泥床、排泥系统、集水器、沼气收集系统等组成。生活垃圾渗沥液厌氧反应器结构示意见图 10-1。

厌氧反应器的设计应根据进水水质、水量、污染物的去除效果、容积负荷等因素确定，反应器形式宜采用圆形，减少水力死区。宜采用中温厌氧，配备加热和保温系统。

厌氧系统渗沥液污染物浓度较高，停留时间较长，需配备循环系统保证厌氧反应器内渗沥液的上升流速。

渗沥液进水水质影响厌氧反应器的设计，《生活垃圾渗沥液厌氧反应器》CJ/T 517—2017 规定的进水水质：pH 宜为 6.0～8.0；悬浮物含量宜小于 3000mg/L；氨氮浓度宜小于 2000mg/L；硫酸盐浓度宜小于 1000mg/L，COD/SO_4^{2-} 比值应大于 10；COD 浓度宜大于 10000mg/L。

容积负荷和 COD 去除率是厌氧反应器的重要技术参数，见表 10-8、表 10-9，具体相关参数可参考《生活垃圾渗沥液厌氧反应器》CJ/T 517—2017。

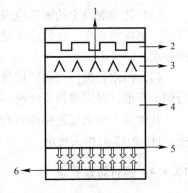

图 10-1　生活垃圾渗沥液厌氧
反应器结构示意

1—沼气收集系统；2—集水器；
3—三相分离器（适用于 UASB）
或填料分离层（适用于 UBF）；
4—污泥床；5—排泥系统；6—布水器

厌氧反应器容积负荷　　　　　　　　　　　　表 10-8

渗沥液类型	容积负荷 [kgCOD/(m³·d)]	
	常温厌氧	中温厌氧
填埋场渗沥液	4～6	5～7
焚烧厂、转运站渗沥液	6～8	7～10

厌氧反应器对 COD 的去除率　　　　　　　　表 10-9

反应器类型	渗沥液类型	COD 去除率（%）
常温 UASB	填埋场渗沥液	≥30
	焚烧厂、转运站渗沥液	≥40
中温 UASB	填埋场渗沥液	≥40
	焚烧厂、转运站渗沥液	≥55
常温 UBF	填埋场渗沥液	≥35
	焚烧厂、转运站渗沥液	≥40
中温 UBF	填埋场渗沥液	≥45
	焚烧厂、转运站渗沥液	≥55

10.3.3　施工要求

（1）管道工程的施工和验收应满足现行国家标准《给水排水管道工程施工及验收规范》GB 50268 的要求，混凝土结构工程的施工和验收应满足现行国家标准《混凝土结构工程施工质量验收规范》GB 50204 的要求，构筑物的施工和验收应满足国家现行标准《给水排水构筑物工程施工及验收规范》GB 50141 和《沼气工程技术规范　第 3 部分：施工及验收》NY/T 1220.3 的要求。

（2）施工使用的设备、材料、半成品、部件应符合国家现行标准和设计要求，并取得供货商的合格证书，设备安装应符合现行国家标准《机械设备安装工程施工及验收通用规范》GB 50231 的规定。

（3）防渗混凝土的施工应满足现行国家标准《地下工程防水技术规范》GB 50108 的要求，钢构的制作、安装应满足现行国家标准《钢结构工程施工质量验收标准》GB 50205 的要求。

（4）污水处理厂（站）构筑物应设置必要的防护栏并采取适当的防滑措施，应满足现行国家标准《民用建筑设计统一标准》GB 50352 的要求。

其他施工要求应遵循现行行业标准《升流式厌氧污泥床反应器污水处理工程技术规范》HJ 2013 的相关规定。

10.3.4　运行管理要求

（1）污水处理厂（站）的运行管理应配备专业的人员和设备，运行维护及安全管理应参照现行行业标准《城镇污水处理厂运行、维护及安全技术规程》CJJ60 执行。

（2）污水处理厂（站）在运行前应建立设备台账、运行记录、定期巡视、交接班、安全检查等管理制度，以及各岗位的工艺系统图、操作和维护规程等技术文件。

（3）操作人员经过技术培训和生产实践，并考试合格后方可上岗。

（4）定期对各类设备、电气、自控仪表及建（构）筑物进行检修维护，确保设施稳定可靠运行。

厌氧处理产生的沼气应利用或安全处置，厌氧系统安全应满足《生活垃圾渗沥液处理技术规范》CJJ 150—2010 的要求：厌氧防爆区域内配备的工艺和电气设备、仪表应具备防爆性能；厌氧产气管路上应设置阻火器和水封，同时设置自动点燃火炬作为尾气安全排放措施；厌氧反应器及沼气储存等区域应设甲烷监测及报警装置。

《生活垃圾渗沥液厌氧反应器》CJ/T 517—2017 也在运行管理方面做了要求：在运行过程中应进行可靠性试验，首次无故障工作时间应不小于 500h，平均无故障工作时间应不小于 150h，可靠度应不小于 85%。

10.4　膜生物反应器（MBR）

10.4.1　一般要求

膜生物反应器作为垃圾渗沥液生物处理单元的重点工艺，应最大限度地降低有机污染物及总氮等渗沥液主要污染物。渗沥液膜生物反应器系统的排放水质应满足国家和地方排放标准的要求。当膜生物反应器系统后接深度处理时，出水水质应达到后续深度处理对进水水质的要求。

膜生物反应器通常由预过滤器、生物反应器、膜组件、曝气系统等单元组成，配套设施及设备包括膜组件清洗装置、水泵、风机、仪表及电气控制等。膜生物反应器可分为外置式和内置式。

10.4.2　技术（设计）要求

《生活垃圾渗沥液膜生物反应处理系统技术规程》CJJ/T 264—2017 指出，MBR 处理工艺形式及配套设施应根据垃圾渗沥液水质、水量和处理要求进行合理选择和设计；当渗沥液进水水质高于系统的设计水质要求时，应增设预处理单元。MBR 系统的设计应考虑回流水量，并预留适宜的富余量。

1. 工艺参数

MBR 工艺的主要技术参数包括污泥浓度、污泥负荷、反硝化和硝化速率等，具体要求：污泥浓度（MLSS）宜为 8000～15000mg/L；污泥负荷宜为 0.05～0.3 [kgCOD/(kgMLSS·d)]；反硝化（脱氮）速率宜为 0.04～0.13 [kgNO$_3$-N/(kgMLSS·d)]；硝化速率宜为 0.02～0.08 [kgNH^{4+}-N/(kgMLSS·d)]；剩余污泥产泥系数宜为 0.15～0.3 (kgMLSS/kgCOD)；水温宜为 20～35℃。

2. 水质要求

(1) MBR 工艺的进水水质要求：化学需氧量（COD）不宜大于 20000mg/L；生化需氧量与化学需氧量比值（BOD$_5$/COD）不宜小于 0.3；氨氮（NH$_3$-N）不宜大于 2500mg/L；生化需氧量与氨氮（BOD$_5$/NH$_3$-N）比值不宜小于 5。

(2) MBR 系统的出水水质宜满足以下要求：

1) 当后续深度处理工艺采用卷式纳滤（NF）＋卷式反渗透（RO）时，MBR 系统的出水水质要求：化学需氧量（COD）不宜大于 1200mg/L；生化需氧量（BOD$_5$）不宜大于 600mg/L；於塞指数 SDI$_{15}$ 不宜大于 5；游离余氯不宜大于 0.1mg/L；电导率（20℃）不宜大于 20000 μS/cm；氨氮（NH$_3$-N）不宜大于 50mg/L；总氮（TN）不宜大于 100mg/L。

2) 当后续深度处理工艺采用单级碟管式反渗透（DTRO）时，MBR 系统的出水水质要求：化学需氧量（COD）不宜大于 1200mg/L；生化需氧量（BOD$_5$）不宜大于 600mg/L；於塞指数 SDI$_{15}$ 不宜大于 20；游离余氯不宜大于 0.1mg/L；电导率（20℃）不宜大于 30000μS/cm；氨氮（NH$_3$-N）不宜大于 100mg/L；总氮（TN）不宜大于 20mg/L。

3) 当后续深度处理工艺采用"两级高级氧化＋生物处理"时，MBR 系统的出水水质要求：化学需氧量（COD）不宜大于 1200mg/L；氨氮（NH$_3$-N）不宜大于 50mg/L；总氮（TN）不宜大于 100mg/L。

4) 当后续深度处理工艺采用其他工艺时，MBR 系统的出水水质宜满足其他工艺进水水质要求，以保证深度处理出水达标。具体工艺参数和水质要求参见现行行业标准《生活垃圾渗沥液膜生物反应处理系统技术规程》CJJ/T 264 的相关规定。

3. 膜材料

《生活垃圾渗沥液膜生物反应处理系统技术规程》CJJ/T 264—2017 指出，外置膜宜采用管式超滤膜，膜材质可采用陶瓷、聚偏氟乙烯等；内置膜宜采用板式、中空纤维微滤或超滤膜，膜材质可采用聚偏氟乙烯、聚四氟乙烯等。

MBR 系统采用的膜及其膜组件应耐污染和耐腐蚀，膜使用寿命不宜小于 3 年。

外置膜通量宜为 60～70L/(m^2·L)；内置式聚偏氟乙烯材质的膜通量宜为 8～12L/(m^2·L)，聚四氟乙烯材质宜为 8～20L/(m^2·L)。

10.4.3 施工要求

膜组件或膜组器安装前，应确保预处理、生化处理、膜分离系统、后处理、剩余污泥处理的土建工程按照现行国家标准《给水排水构筑物工程施工及验收规范》GB 50141 的有关规定检验合格，并将其内残留杂物清洗干净，膜池按规定进行渗水试验。对已安装好的管路按现行国家标准《给水排水管道工程施工及验收规范》GB 50268 的有关规定进行检验，检验合格后将管路清洗干净，与膜组器或膜组件相连的端口密封。

施工材料、零部件、膜组器等应满足国家现行标准和设计要求，并有供货商的合格证，严禁使用不合格产品，设备安装应满足现行国家标准《机械设备安装工程施工及验收通用规范》GB 50231 的要求。膜组器的安装应做好必要的防护，防止划伤、脱水，且安装后应及时注水。水质在线监测系统的安装应满足现行行业标准《水污染源在线监测系统（COD$_{Cr}$、NH$_3$—H 等）安装技术规范》HJ 353 的要求，塑料管道阀门的连接应满足现行行业标准《玻璃钢/聚氯乙烯（FRP/PVC）复合管道设计规定》HG 20520 要求，金属管道安装与焊接应满足现行国家标准《工业金属管道工程施工规范》GB 50235 的要求。其他安装施工要求应遵循国家现行标准《膜生物反应器通用技术规范》GB/T 33898 和《膜生物法污水处理工程技术规范》HJ 2010 的相关规定。

10.4.4 运行管理要求

运行管理事项应遵循国家现行标准《膜生物法污水处理工程技术规范》HJ 2010 和《膜生物反应器通用技术规范》GB/T 33898 的相关规定。

10.5 纳滤及反渗透

10.5.1 一般要求

经生化处理后的水质含有未去除的难降解有机物、溶解盐等，需进一步深度处理才能达到国家和地方的排放要求。

纳滤膜的操作区间介于超滤和反渗透之间，其截留有机物的分子量约为 200～800MW，截留溶解盐类的能力为 20%～98%，对可溶性单价离子的去除率低于高价离子。

反渗透设备分为卷式反渗透（RO）和碟管式反渗透（DTRO）。反渗透膜一般由高分子材料制成，如醋酸纤维素膜、芳香族聚酰肼膜、芳香族聚酰胺膜。表面微孔直径一般在 0.5～10nm 之间，透过性的大小与膜本身的化学结构有关。

10.5.2 技术（设计）要求

1. 纳滤

纳滤膜系统一般由纳滤膜、膜支撑体、流道间隔体、带孔的中心管等构成膜分离单元。纳滤膜的分类，按形式应分为中空纤维、管式和平板式。纳滤膜原件的分类，按形式也可以分为中空纤维、卷式、管式和板框式。

纳滤膜进水宜为经过生物处理后的出水，作为终端深度处理工艺时，排放水质应满足国家和地方的排放要求；进水纳滤膜之前，需针对胶体、硬度、二氧化硅或结构成分等采取适当的预处理措施；设计规模应考虑一定的抗冲击能力，以满足不同时期的水量要求。

（1）《生活垃圾渗沥液处理技术规范》CJJ 150—2010 指出了纳滤进水水质和纳滤设计参数：

1）纳滤进水水质一般要求：COD 不宜大于 1200mg/L；BOD$_5$ 不宜大于 30mg/L；氧

化还原电位宜小于 200mV；pH 宜小于 7.0。

2）纳滤设计参数：温度 8～30℃，pH 为 5.0～7.0；操作压力为 0.5～2.5MPa；COD 去除率应大于 80%；产水率不低于 75%。

（2）纳滤膜及元件技术参数包括脱盐率和产水量等，应满足《纳滤膜及其元件》HY/T 113—2008 的相关要求：

1）纳滤膜及其元件的制备材料应选用化学性能好、机械强度高、无毒无味的材料。

2）纳滤表面应平滑洁净，无针眼、破损、变质、变形等缺陷。

3）在标准测试条件下，一价离子脱除率应不小于 30%，产水量应不小于 30L/(m²·h)；二价离子脱除率应不小于 90%，产水量应不小于 21L/(m²·h)。

（3）在纳滤装置性能要求方面，纳滤装置应满足下列要求：

1）凡与水接触的部件材质不应与水产生任何有害的物理化学反应，必要时采取适当的防腐措施及有效保护措施，不应污染水质。

2）纳滤装置的电控设备性能应满足现行国家标准《低压开关设备和控制设备 第 1 部分：总则》GB 14048.1 的要求。

3）纳滤膜的保护系统安全可靠，必要时应有防止水锤冲击的保护措施；膜元件渗透水侧压力不应高于浓缩水侧压力 0.03MPa。

4）纳滤装置的产水量、脱盐率及水回收率应符合用户要求或设计的额定值。其他性能要求应满足现行行业标准《纳滤装置》HY/T 114 的相关要求。

2. 反渗透

反渗透膜应具有以下特征：在高流速下应具有高效脱盐率；具有较高机械强度和使用寿命；能在较低操作压力下发挥功能；能耐受化学或生化作用的影响；受 pH、温度等因素影响较小。

反渗透装置应满足下列要求：①反渗透膜进水宜为经生化处理后的超滤出水或纳滤出水，排放水质应满足国家和地方的排放要求。②原水质浓度较低、可生化性差的情况下，碟管式反渗透膜亦可直接处理经预处理的出水。③反渗透运行过程中，需根据水质情况投加酸或阻垢剂；设计规模应考虑一定的抗冲击能力，以满足不同时期的水量要求。

（1）卷式反渗透

卷式反渗透（RO）设备进水水质和设计参数应满足现行行业标准《生活垃圾渗沥液卷式反渗透设备》CJ/T 485 的要求。

1）进水水质一般要求：COD 小于 1000mg/L，淤塞指数 SDI_{15} 小于 5，浊度小于 1.0NTU，pH 为 6～8，游离余氯小于 0.1mg/L，总氮小于 200mg/L。

2）设计参数要求：设备应在 4～45℃工作，环境温度低于 4℃时，宜采取防冻措施；环境温度高于 45℃时对组件影响较大，不建议采用。设备高压部分操作压力宜为 3.0～6.0MPa。

膜通量是反渗透水处理装置的重要参数，应满足《环境保护产品技术要求 反渗透水处理装置》HJ/T 270—2006 的要求：以处理后的废水作为装置的进水时，当其后序工艺采用混凝过滤为主体处理单元时，膜通量宜小于 17L/(m²·h)；当其后序工艺采用微滤、超滤为主体处理单元时，膜通量宜小于 20L/(m²·h)。

反渗透水处理装置脱盐率额定值应不小于 95%（用户有特殊要求除外），且连续运行

1 年后不低于额定值的 95％；回收率要求见表 10-10，其他技术要求应满足现行行业标准《环境保护产品技术要求　反渗透水处理装置》HJ/T 270 的相关要求。

反渗透原水回收率参考值　　表 10-10

产水率（m^3/h）	≤4	4～40	≥40
原水回收率（％）	≥30	≥50	≥70

注：以处理后的废水作为装置的进水时，在充分利用水资源的条件下，水回收率可适当降低。

（2）碟管式反渗透

现行行业标准《生活垃圾渗滤液碟管式反渗透处理设备》CJ/T 279 规定了 DTRO 设备进水水质一般要求、设计参数要求和性能指标要求。

1）进水水质一般要求：COD_{Cr} 小于 35000mg/L，悬浮物 SS 小于 1500mg/L，淤塞指数 SDI_{15} 小于 20，游离余氯小于 0.1mg/L，氨氮小于 2500mg/L，总溶解性固体 TDS 小于 40000mg/L。

2）设备设计参数要求：运行温度范围为 5～45℃，当超过 45℃时应增加冷却装置，低于 5℃时应加装预热装置。设备常压反渗透操作压力不应大于 7.5MPa，高压反渗透操作压力不应大于 12.0MPa 或 20.0MPa。

3）设备性能指标要求：脱盐率不小于 97％，COD_{Cr} 的去除率不小于 96％，氨氮去除率不小于 90％，原水回收率见表 10-11。

DTRO 原水回收率参考值　　表 10-11

电导率（$\mu S/cm$）	≤1000	≤5000	≤15000	≤20000
原水回收率（％）	≥90	≥85	≥80	≥75

注：原水含盐量更高时，原水回收率按具体设计。

10.5.3　施工要求

碟管式反渗透处理设备施工安装一般要求：

（1）UPVC 管路宜用承接粘结形式连接。对于粘结部分用 PVC 清洗剂擦拭后涂胶，待部分溶剂挥发而胶粘性增强后，插入保持，要求胶水充满承差间隙。

（2）不锈钢管路的工程施工及验收规范应符合现行国家标准《工业金属管道工程施工规范》GB 50235。

（3）反渗透膜的保护系统安全可靠，必要时应有防止水锤冲击的保护措施；膜元件渗透水侧压力不得高于 0.3MPa；设备关机时，应将膜内的浓缩水冲洗干净；停机时间超过 1 个月时，应注意使用保护液进行保护。

（4）设备应安装于室内或集装箱内。设备安装于室内时，设备端头应留有不小于膜元件长度 1.2 倍距离的空间，以满足检修要求。设备不能安置在多尘、高温、振动的地方，避免阳光直射，环境温度低于 4℃时，应采取防冻措施。其他施工安装要求应遵循现行行业标准《生活垃圾渗滤液碟管式反渗透处理设备》CJ/T 279 的相关规定。

10.5.4　运行管理要求

1. 纳滤

（1）纳滤系统需停机 3d 以上时，应每天开机 30min 以上，如果需停机 30d 以上，系统应注入保护液（1%～1.5%亚硫酸氢钠溶液），且每月更换一次保护液。

（2）产水量降低 15%以上，或运行压力上升 15%时，应进行化学清洗。

（3）酸性清洗 pH 要求为 2～3，碱性清洗 pH 要求为 11～12。

（4）化学清洗的顺序宜为先碱洗后酸洗，清洗剂的 pH 和颜色均不发生变化则清洗完成。

2. 反渗透

卷式反渗透设备运行要求：

（1）按照设备安装图、工艺图、电器原理图、接线图，对设备系统进行全面检查，确认其安装正确无误。

（2）在滤袋放入袋式过滤器内、反渗透膜放入膜壳内的情况下，打开电源开关，启动供水泵，用水对反渗透系统进行循环冲洗，冲洗时间不少于 2min。

（3）检查系统渗漏情况，压力表及其他仪表工作情况和电气安全及接地保护是否有效。

（4）设备运行试验不应少于 8h。

另外，反渗透装置运行与维护方面还应注意以下事项：

（1）如果反渗透系统需停机 3d 以上时，应每天开机 30min 以上，如果需停机 30d 以上，系统应注入保护液（1%～1.5%亚硫酸氢钠溶液），且每月更换一次保护液。

（2）产水量降低 15%以上，或运行压力上升 15%时，应进行化学清洗。

（3）酸性清洗 pH 要求为 2～3，碱性清洗 pH 要求为 11～12。

（4）化学清洗的顺序宜为先碱洗后酸洗，清洗剂的 pH 和颜色均不发生变化则清洗完成。其他运行管理要求应符合现行行业标准《生活垃圾渗沥液卷式反渗透设备》CJ/T 485 和《生活垃圾渗滤液碟管式反渗透处理设备》CJ/T 279 等的规定。

10.6　高级氧化

10.6.1　一般要求

常用的高级氧化技术有芬顿（Fenton）氧化和臭氧氧化等。

芬顿氧化通过过氧化氢（H_2O_2）与二价铁离子的混合溶液将很多已知的有机化合物，如羧酸、醇、酯类，氧化为无机态，其反应具有去除难降解有机污染物的高能力。芬顿氧化装置一般包括芬顿氧化池、芬顿脱气池和芬顿沉淀池等。

臭氧氧化处理废水有直接反应和间接反应两种途径。直接反应是臭氧分子与有机污染物反应，选择性高，难以氧化难降解有机物；间接反应是臭氧在碱、光照或催化剂等存在条件下，产生强氧化性的羟基自由基，将污水中的有机污染物氧化降解为小分子物质或直接矿化。

高级氧化处理工艺一般要求：高级氧化进水宜为经过生物处理后的出水，高级氧化宜与生化工艺组合作为渗沥液的深度处理工艺。氧化反应器类型的选择应根据渗沥液的水质、设计处理规模、处理后水质要求，并考虑水温变化、进水水质、水量等因素确定。

10.6.2 技术（设计）要求

1. 芬顿氧化

芬顿氧化进水一般要求：COD 不宜大于 1200mg/L，氨氮不宜大于 50mg/L，总氮不宜大于 100mg/L，悬浮物不宜大于 100mg/L。

2. 臭氧氧化

（1）一级臭氧氧化工艺：反应 pH 宜为 6～10，水温宜为 5～35℃；反应时间宜为 0.5～1.5h；反应塔高度宜为 5～9m；O_3 与 COD 质量比宜为 2∶1～6∶1；臭氧进气管及反应塔需选用耐腐蚀材质（不锈钢 304/316、钛合金等）。

（2）二级臭氧氧化工艺：反应 pH 宜为 6～10，水温宜为 5～35℃；反应时间宜为 0.5～1.5h；反应塔高度宜为 5～9m；O_3 与 COD 质量比宜为 3∶1～8∶1；臭氧进气管及反应塔需选用耐腐蚀材质（不锈钢 304/316、钛合金等）。

（3）三级臭氧氧化工艺：反应 pH 宜为 6～10，水温宜为 5～35℃；反应时间宜为 0.5～1.5h；反应塔高度宜为 5～9m；O_3 与 COD 质量比宜为 5∶1～10∶1；臭氧进气管及反应塔需选用耐腐蚀材质（不锈钢 304/316、钛合金等）。

（4）臭氧发生器性能质量的技术参数主要有气源露点、臭氧质量浓度、千克臭氧电耗、冷却方式等，按技术参数高低将臭氧发生器分为优级品、一级品及合格品等。《环境保护产品技术要求 臭氧发生器》HJ/T 264—2006 对主要参数进行了规定：

不同等级的臭氧发生器的气源露点温度应不大于 -50℃，臭氧发生器产生臭氧的质量浓度、电耗、冷却方式见表 10-12～表 10-14。

不同等级臭氧发生器产生臭氧质量浓度　　表 10-12

气源种类	臭氧质量浓度（mg/L）		
	优级品	一级品	合格品
氧气	≥100	>70～100	30～70
空气	≥38	>70～100	15～25

不同等级臭氧发生器产生臭氧电耗　　表 10-13

气源种类	电耗（kW·h/kg）		
	优级品	一级品	合格品
氧气	8	9	10
空气	16	18	20

不同等级臭氧发生器冷却方式　　表 10-14

冷却剂	冷却方式		
	优级品	一级品	合格品
水	双极水冷	单极水冷	—
空气	—	单极气冷	双极气冷

10.6.3 运行管理要求

1. 芬顿高级氧化

（1）根据停留时间及时排出处理水，使得工艺连续进行。

（2）根据渗沥液的特性（成分、流量等）定时检测数据变化，并根据实际情况调整液体流速、停留时间、催化剂投加量等相关参数。

（3）芬顿高级氧化系统运行中应防止 H_2O_2 过量，避免在絮凝沉淀过程中产生大量气泡，使沉淀效果变差。

2. 臭氧氧化

（1）注意观察臭氧发生器、尾气破坏系统等设备运转是否正常，是否锈蚀或损坏。

（2）定时巡查系统设备，注意观察各项参数是否正常。

（3）定期对臭氧发生器及周边配套设施进行维护保养。

（4）《环境保护产品技术要求　臭氧发生器》HJ/T 264—2006 对不同等级臭氧发生器的无故障工作时间提出要求，见表 10-15。

不同等级的臭氧发生器无故障工作时间　　　　　表 10-15

项目	优级品	一级品	合格品
无故障工作时间（h）	>15000	>10000～15000	8000～10000

10.7　蒸发

10.7.1　一般要求

垃圾渗沥液处理中常用的蒸发工艺技术是机械蒸汽压缩技术（MVC/MVR）。

蒸汽再压缩蒸发器主要由加热室、蒸发室、汽液分离器、蒸汽压缩机、疏水阀、真空系统（必要时）、循环泵及管路和仪表自控系统等组成。

当渗沥液中的 SS、胶体和硬度等较高时，机械蒸发工艺中应设置预处理单元。MVC/MVR 工艺构筑物应包括渗沥液处理车间、配套的原液池、反应池、沉淀池、污泥浓缩池、中间池、浓缩液储存池、出水暂存池等水池。

MVC/MVR 工艺进水水量设计应留有适当的富余量，水质设计应有较强的耐冲击负荷能力。

10.7.2　技术（设计）要求

蒸发处理时，设备容易出现腐蚀和结垢现象，其进水水质应满足《生活垃圾渗沥液处理技术规范》CJJ 150—2010 的相关要求：钙、镁离子浓度不宜大于 100mg/L，二氧化硅浓度不宜大于 50mg/L，pH 宜控制在 6～10，悬浮物 SS 不宜大于 1000mg/L，TDS 不宜大于 40000mg/L。

设计参数应满足下列要求：蒸发主体工艺设计使用寿命大于 20 年，工作压力宜小于 0.1MPa，进料和排出物温度差宜控制在 3～5℃，压缩机噪声应控制在 85dB 以下，运行吨水电耗不宜大于 65kW·h。

MVC/MVR 工艺产水应满足如下要求：蒸馏水产生量宜大于浓缩液进水量的 80%，蒸馏水 TDS 宜小于 1000mg/L，氯化物含量宜小于 250mg/L，MVC/MVR 工艺蒸发冷凝水或气体若回用或排放，应满足项目环评批复的排放标准。

MVC/MVR 工艺与渗沥液接触高温部分选材应满足下列要求：

(1) 渗沥液中的氯离子含量不大于 3000mg/L 时，宜采用 316 不锈钢。

(2) 渗沥液中氯离子含量大于 3000mg/L 且不大于 7000mg/L 时，宜采用双相不锈钢。

(3) 渗沥液中氯离子含量大于 7000mg/L 时，宜采用钛材。

《蒸汽再压缩蒸发器》HG/T 5224—2017 介绍了蒸发器和蒸汽压缩机的选型建议，见表 10-16、表 10-17。

蒸发器的选型建议 表 10-16

形式代号	蒸发器类型	功能特性
VRE01	标准型蒸发器	蒸发室与加热室用设备法兰连接成一体化的立式管壳式蒸发器结构，加热室由带中心进料孔的上、下环形管板及管束组成，在管束中心部位设置中央循环管，其截面积为管束截面积的 40%～100%，原料液由中央循环管的顶端进入，由管束的底部上升到加热室的上部，汽料混合物进入蒸发室，初级二次蒸汽从蒸发室顶部输送至蒸汽压缩机，加热室底部排放浓缩（完成）液。 在上述结构基础上，将管束改进成吊篮式结构，将上述的管束及中央循环管悬挂在加热室壳体的下部，蒸发室与加热室形成整体结构，顶部的封头与下部的筒体用管法兰连接，便于实现对易结晶、易结垢的原料液浓缩。 具有料液流速低（不大于 0.5m/s）、热损失小、蒸发量低的特点。 制造安装方便，易于操作，不易清洗检修
VRE02	改进型蒸发器	在标准型蒸发器基础上，原料液仍然以自然循环方式进行，取消中央循环管和吊篮式结构，加热室内的管束固定在上、下管板上，蒸发室与加热室形成两个独立空间，常见的为单效一体式降膜或升膜蒸发器。 特点介于 VRE01 及 VRE03 之间
VRE03	外加热式单效型升膜蒸发器	加热室为立式管壳式热交换形式，蒸发室与加热室分开成两个独立部件。原料液用循环泵输送到加热室下管板底部的腔体内，进入加热室的管束，上管板上部的腔体内集聚汽料混合物，然后管道输送到蒸发室，初级二次蒸汽在蒸发室顶部送入蒸汽压缩机，蒸发室下用循环管连接到加热室下部，蒸发室底部设置浓缩（完成）液排料口。 料液流速较大（一般不大于 1.5m/s），蒸发量较大。 初级二次蒸汽在管束出口处的流速较高（常压下为 20～50m/s；减压操作下可以不低于 100m/s），循环泵的动力消耗较高。 适宜于处理黏度较低（通常小于 2Pa·s）、热敏性原料液，不适宜于处理浓度较高、黏度较大、易结晶、易结垢的原料液
VRE04	外加热式单效型降膜蒸发器	结构特点与 VRE03 类似，区别在于原料液从管束的上管板的上部腔体内加入，气液混合物排入下管板底部的蒸发室腔体内，该处用管道与蒸发室连接。 原料液在管束内的下降速度较快（取决于成膜厚度、一般大于 2m/s），料液循环泵的动力消耗比 VRE03 低，蒸发量大。 适宜于处理高浓度、高黏度（大于 2Pa·s）、热敏性原料液，不适宜于处理易结晶和易结垢的原料液
VRE05	强制循环型蒸发器	加热室为立式管壳式热交换形式，在蒸发室和加热室之间单独设置一道循环管和强制循环泵，依靠泵的作用加速原料液、气液混合物的循环，将循环速度提升到 2m/s 以上（通常可以达到 5m/s）。 适宜于处理黏度大、易结晶、易结垢的溶液，蒸发处理量大。 该蒸发系统的总传热系数明显高于 VRE01～VRE04 形式的自然循环蒸发器的对应值。 由于增加强制循环泵，动力消耗明显增加

续表

形式代号	蒸发器类型	功能特性
VRE06	多效型蒸发器	基于 VRE01～VRE05 的功能特点，用前一效产生的二次蒸汽作为后一效的热源，物料的加入可以采取顺流加料（溶液的流动方向与加热蒸汽的流动方向一致）、逆流加料（溶液的流动方向与加热蒸汽的流动方向相反）、平流加料（溶液由每效单独加入）、错流加料等方式。 根据进料方式不同，对于易结晶、易结垢或高黏度的原料液加料顺序有适宜调整的可能性，总体投资较大、二次蒸汽的热焓利用相对以上形式偏低、循环泵的配置数量相应减少，动力消耗偏低
VRE07	外加热卧式管束蒸发器	两个独立加热室的管束中心线呈水平状态。加热室与加热室之间设置蒸发室或汽液分离室，加热室的管束内通蒸汽、壳程通入料液，实现二次蒸汽经加压升温后再利用的蒸发浓缩系统。 适宜于处理换热温差较低的原料液蒸发浓缩，传热效率较高
VRE08	板式加热式蒸发器	加热室为板式换热器形式，原料液与一次蒸汽或再压缩蒸汽在板式换热器内完成热交换，根据物料的特性，加热室可以单独实现加热蒸发或与蒸发室串联一并完成蒸发。 具有结构紧凑、占地面积小、重量轻、热损失小、换热效率较高、拆装维修方便等特点。对于设计压力大于 2.5MPa、工作温度大于 250℃（取决于垫片材料的允许使用温度）、黏度较大、易结垢的原料液的加热有一定局限性

蒸汽压缩机的选型建议　　　　　　　　　　　　　　**表 10-17**

形式代号	形式类型	功能特点
A	轴流式压缩机	适用于大排汽量和低压力，对蒸汽介质的洁净度要求较高，操作范围较窄，排汽均匀，功率损失小，汽流无脉动，体积小、重量轻，运转可靠，易损件少，维修量小
B	离心式风机	适用于排汽压力低（一般低于 0.03MPa），蒸汽进出口之间的压力差一般小于 0.01MPa，压缩比 ε 低于 1.1，在以水为溶剂且蒸发量不大于 $10×10^3$kg/h 的情况下压缩蒸汽饱和温升一般不超过 7.8℃（大于此蒸发量对应的饱和温升一般不超过 5.3℃）
C	离心式压缩机	适用于大中型排汽量（一般为 50～5000m³/min）和高压（一般压缩比大于 2.5）、中压（压缩比介于 1.5～2.5 之间）、低压（压缩比不大于 1.5）情况下，操作范围较宽，单级离心式压缩机的压缩蒸汽饱和温升可以达到 5～25℃，转速范围通常介于 9000～30000r/min，绝热效率 η_{ad} 不低于 0.8，排汽均匀，功率损失小，汽流脉动不明显，运转可靠，维修量小
R	往复式压缩机	适用于中小型排汽量（一般低于 50m³/min）和高压力（一般压力范围为 10.0～100.0MPa）、超高压力（一般压力大于 100.0MPa），绝热效率高（η_{ad} 为 0.7～0.85），但机组结构复杂，外形尺寸和重量大，易损件多，维修量大，制作成本较高
RS	罗茨式压缩机	单级压缩比 ε 的范围为 1.2～1.7（两级串联时可以达到 2.0），压缩蒸汽饱和温升可以达到 18～20℃，100℃下的水蒸气处理量一般为 3000～5000kg/h；容积效率 η_v 范围为 0.7～0.9，绝热效率 η_{ad} 范围为 0.55～0.75，转速范围一般为 980～1450r/min，噪声大〔一般在 110dB(A) 左右〕
T	蒸汽喷射泵	适用于蒸汽吸入压力处于负压操作工况（一般介于 0.031～0.101MPa）、吸入蒸汽的饱和温度为 70～100℃、排汽压力较高（一般介于 0.578～2.321MPa），排出蒸汽的饱和温度范围为 85～125℃、蒸汽吸入量可以达到 15～65kg/min，具体工艺技术指标可以参照专业厂家提供的资料

10.7.3　运行管理要求

蒸汽再压缩蒸发器的加热室、蒸发室、汽液分离室以及系统需要配置的真空罐等制作

完成后开展耐压试验,《蒸汽再压缩蒸发器》HG/T 5224—2017 规定耐压试验应至少满足下列要求:

(1) 耐压试验一般采用液压试验,耐压试验的种类、方法和要求应在图样上注明。

(2) 耐压试验应满足现行行业标准《压力容器 第 4 部分:制造、检验和验收》GB 150.4 的要求。

(3) 管壳式热交换器的耐压试验还应执行现行国家标准《热交换器》GB/T 151 的规定。

(4) 板式换热器的液压试验除执行现行国家标准《板式热交换器 第 1 部分:可拆卸板式热交换器》NB/T 47004.1 的规定外,还应执行现行国家标准《压力容器 第 1 部分:通用要求》GB 150.1 和《压力容器 第 4 部分:制造、检验和验收》GB 150.4 的规定。

10.8 浓缩液处理

10.8.1 一般要求

渗沥液浓缩液是指经过纳滤膜或反渗透膜处理后产生的膜滤浓缩液,具有有机物浓度高、可生化性差、重金属离子和盐含量较高等特点,处置不当将会对生态环境造成严重污染。目前,渗沥液浓缩液的常规处理方法包括减量膜系统、回灌、蒸发、混凝沉淀和高级氧化等。蒸发、混凝沉淀和高级氧化在前面章节已做介绍,在此不再叙述。

10.8.2 技术(设计)要求

1. 纳滤浓缩液减量化技术

减量膜系统是一种对垃圾渗沥液的纳滤浓缩液进行处理的系统,该系统包括一级一段膜系统,一级二段膜系统以及二级膜系统,二级膜系统清液出水经过后续处理至达标排放。

纳滤浓缩液原液 COD 经过膜减量化后最终出水 COD 去除率可达到 95%,清液得率约 75%～80%,如图 10-2 所示。

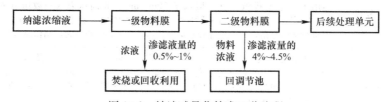

图 10-2 纳滤减量化技术工艺流程

纳滤减量化进水水质和出水要求:

(1) 进水水质要求:化学需氧量(COD)不宜大于 5000mg/L;生化需氧量(BOD$_5$)不宜大于 30mg/L,氧化还原电位(ORP)小于 200mV;进水 pH 宜小于 7.0。

(2) 出水要求:COD 去除率应不小于 90%;一级物料膜提取的高浓度有机浓缩液应为渗沥液总量的 0.5%～1%,或 COD 值须达到 50000mg/L 以上;二级物料膜再次回收水产生的物料浓缩液量应为渗沥液总量的 4%～4.5%;当纳滤作为渗沥液处理工艺终端时,出水水质应达到当地环保主管部门的要求。

（3）纳滤减量化方面还应注意以下几点：

1）纳滤浓缩液减量化技术须先将纳滤浓缩液中的大分子有机物进行提取分离，然后再回收水。

2）纳滤浓缩液在进入物料膜之前，须针对胶体或有机成分等采取适当预处理措施。

3）所提取的高浓度有机浓缩液优先进行资源化利用。

4）所形成的物料浓缩液须经过化学处理，降低可能累计的离子成分后，可返回调节池。

5）纳滤浓缩液处理系统与主工艺纳滤系统的合并回收率须不小于 95%。

2. 浸没燃烧蒸发技术

浸没燃烧蒸发器可处理纳滤浓缩液、反渗透浓缩液或混合液，不需要预处理。该蒸发器可以高倍浓缩模式或结晶模式运行，在高倍浓缩模式下，浓缩倍数不低于 10 倍；在结晶模式下，出渣含水量不高于 60%。该蒸发器采用低品质沼气或填埋气作为热源时，沼气或填埋气中的甲烷含量应不低于 20%，氧气含量不宜超过 8%。

浸没燃烧蒸发器进、出水质和设计参数应满足下列要求：

（1）进水水质要求：生化需氧量（BOD_5）不宜大于 2000mg/L，氨氮（NH_4^+-N）不宜大于 40mg/L，pH 宜小于 7.5 以下，固体悬浮物（SS）不宜大于 10000mg/L。

（2）设计参数要求：蒸发器内运行压力不超过 3kPa，蒸发器内渗沥液蒸发温度不超过 85℃，换热空间容积负荷宜为 8～12t/($m^3 \cdot d$)。

（3）出水要求：冷凝水 TDS 宜小于 500mg/L，氯化物含量宜小于 150mg/L；冷凝水或气体若排放或回用，应满足环评批复的相关标准。

10.8.3　运行管理要求

1. 纳滤浓缩液减量化技术

（1）膜系统需停机 3d 以上时，应每天开机 30min 以上，如果需停机 30d 以上，系统应注入保护液（1%～1.5%亚硫酸氢钠溶液），且每月更换一次保护液。

（2）酸性清洗 pH 要求为 2～3，碱性清洗 pH 要求为 11～12。

（3）化学清洗的顺序宜为先碱洗后酸洗，清洗剂的 pH 和颜色均不发生变化则清洗完成。

2. 浸没燃烧蒸发技术

（1）在高倍浓缩模式下，蒸残液量宜小于进料量的 10%，吨水电耗不宜大于 30kW·h。

（2）在结晶模式下，除产生蒸发残渣（含水量不高于 60%）外，其余全部为冷凝水或者蒸汽，吨水电耗不宜大于 40kW·h。

10.9　思考和建议

垃圾渗沥液浓缩液减量化是渗沥液处理中的重点和难点，但在此方面缺少相关标准，因此建议制定浓缩液减量化的相关标准，便于在工艺设计和运行时有据可依。

近年来渗沥液行业中涌现出多种蒸发技术，例如低温真空蒸发（35～40℃，真空状态下蒸发）、低温常压蒸发（80～95℃）等。相较于传统蒸发技术，低温蒸发技术运行温度较低，具有不宜结垢、不宜堵塞系统和能耗低等优点，在渗沥液处理行业中得到了越来越多的应用。建议对以上多元化的技术制定相关规范、标准和指南。

渗沥液处理建议补充的标准包括纳滤浓缩液减量化装置、反渗透浓缩液减量化装置、低温真空蒸发装置、低温常压蒸发装置、浸没燃烧蒸发装置等。

第11章 臭气控制与处理

垃圾处理和处置场所（垃圾收集点、转运站、填埋场、焚烧厂、厨余垃圾处理厂、粪便处理厂等）、渗沥液处理厂、公共厕所等会产生臭气，影响工作人员健康及周边环境空气质量。因此，需要根据臭气特点、用地情况和排放要求等选择和设计合适的工艺设备产品来实现臭气净化。

臭气控制与处理可以分为无组织臭气控制和臭气集中收集处理。无组织臭气控制通常采用喷洒除臭剂的方式。臭气集中收集处理系统包括收集系统、处理系统和排气筒等，处理工艺分为生物除臭、吸附除臭、离子除臭、燃烧除臭等。

11.1 相关标准

GB 14554—1993 恶臭污染物排放标准

GB 16157—1996 固定污染源排气中颗粒物测定与气态污染物采样方法

GB/T 17217—1998 城市公共厕所卫生标准

GB 50019—2015 工业建筑供暖通风与空气调节设计规范

GB 50243—2016 通风与空调工程施工质量验收规范

GB 50738—2011 通风与空调工程施工规范

CJ/T 516—2017 生活垃圾除臭剂技术要求

CJJ 93—2011 生活垃圾卫生填埋场运行维护技术规程

CJJ/T 243—2016 城镇污水处理厂臭气处理技术规程

CJJ 274—2018 城镇环境卫生设施除臭技术标准

HG/T 21633—1991 玻璃钢管和管件

JB/T 12580—2015 生物除臭滴滤池

JB/T 12581—2015 生物除臭滤池

11.2 无组织臭气控制

11.2.1 一般要求

无组织臭气控制产品包括除臭剂和除臭剂喷洒设备等，其适用场所包括：

（1）垃圾（粪便）暴露处，包括垃圾（粪便）卸料部位、垃圾（粪便）贮槽、敞开式渗沥液储存（调节）池周围等。

（2）不能采用局部排风控制臭味散发的部位。

（3）不宜采用全面排风进行臭气收集的空间区域，如生活垃圾填埋场等。

11.2.2 技术（设计）要求

无组织臭气控制多采用掩蔽型物理除臭剂、植物型除臭剂和生物型除臭剂，生活垃圾填埋场通常采用植物型除臭剂和生物型除臭剂，公共厕所通常采用掩蔽型物理除臭剂和植物型除臭剂。现行行业标准《生活垃圾除臭剂技术要求》CJ/T 516 对除臭剂的安全、性能指标等提出了相关要求。

除臭剂的各项安全指标应满足下列要求：

（1）保证人畜健康和生态环境安全，其中，生物型除臭剂生产厂商应对生物型除臭剂进行环境安全性评价，提供环境安全性评价资料。

（2）避免诱发火灾、爆炸等危险。

（3）对各类除臭剂在使用过程中的安全风险等问题制订相应的防范、应急、减缓或消除措施。

（4）用于空间雾化或喷淋的除臭剂其安全性应满足表 11-1 的相关规定。

用于空间雾化的除臭剂安全性指标 表 11-1

项目	指标
急性经口毒性	$LD_{50} > 5000mg/kg$ 体重
急性吸入毒性	$LC_{50} > 2000mg/m^3$
急性皮肤刺激性	无
闪点	$\geq 60℃$

注：除臭剂需要进行稀释使用的，其稀释后样品应满足以上安全指标。

掩蔽型物理除臭剂、植物型除臭剂和生物型除臭剂的主要性能指标应满足表 11-2～表 11-4 的规定。

掩蔽型物理除臭剂主要性能指标 表 11-2

	项目	指标
掩蔽型	气味	无异味，符合规定香型
	外观	液体产品无分层现象
	色度	≤ 30 度
	成分	香精成分应符合现行国家标准《日用香精》GB/T 22731 的规定
	性能指标	掩蔽臭气，增强人体感官舒适度

植物型除臭剂主要性能指标 表 11-3

	项目	指标
	外观	无分层现象
	色度	≤ 30 度
	气味	无异味，符合规定香型
	成分	植物提取物、表面活性剂和水等，其中植物提取物含量 $\geq 10\%$
性能指标	硫化氢去除率	$\geq 70\%$
	氨去除率	$\geq 70\%$
	甲硫醇去除率	$\geq 30\%$
	甲硫醚去除率	$\geq 30\%$

注：植物型除臭剂需要进行稀释使用的，其稀释前的样品应满足以上成分指标，稀释后的样品应满足以上性能指标。

生物型除臭剂主要性能指标　　　　　　　　　　　　　　　　　　表 11-4

微生物菌剂			
项目	粉剂	颗粒	液体
外观	松散	无明显机械杂质，大小均匀	沉淀≤20%
有效活菌数	≥2×10⁸cfu/g	≥10⁸cfu/g	≥2×10⁸cfu/mL
杂菌率	≤20%	≤30%	≤10%
粪大肠菌群数	<100 个/g		<100 个/mL
保质期	≥6 个月		≥3 个月
性能指标 硫化氢去除率	≥70%	≥70%	≥70%
氨去除率	≥70%	≥70%	≥70%
甲硫醇去除率	≥30%	≥30%	≥30%
甲硫醚去除率	≥30%	≥30%	≥30%

酶制剂		
项目	固体	液体
外观	无结块、无潮解	凝聚物≤20%
保质期	≥6 个月	≥3 个月
保质期内酶活力保存率	≥90%	
性能指标 硫化氢去除率	≥70%	
氨去除率	≥70%	
甲硫醇去除率	≥30%	
甲硫醚去除率	≥30%	

注：1. 保质期仅在监督部门或仲裁双方认为有必要时检测。
　　2. 液体微生物菌剂除臭剂需要进行稀释使用的，其稀释前的样品应满足以上外观、有效活菌数、杂菌率、粪大肠菌群数和保质期指标，稀释后的样品应满足以上性能指标。
　　3. 液体酶制剂除臭剂需要进行稀释使用的，其稀释前的样品应满足以上外观、保质期和保质期内酶活力保存率指标，稀释后的样品应满足以上性能指标。

　　现行行业标准《城镇环境卫生设施除臭技术标准》CJJ 274 对除臭剂喷洒设备进行了规定，用于除臭剂喷洒的专用设施应具有良好的雾化性能，雾滴应能均匀地覆盖到臭气扩散区域。

　　用于公共厕所的除臭产品的效果还应满足现行国家标准《城市公共厕所卫生标准》GB/T 17217 对臭味强度、硫化氢和氨的相关卫生要求。

11. 2. 3　施工要求

　　除臭剂喷洒设备的安装位置应有利于最大限度地控制臭味源的臭味散发。

11. 2. 4　运行管理要求

　　除臭剂喷洒系统运行初期，宜根据除臭剂产品说明书的稀释倍数要求制备除臭剂喷洒液，此后可根据臭源强度和实际除臭效果调整除臭剂稀释倍数。

11.3　臭气收集

　　臭气收集系统主要包括臭源密闭和臭气输送两部分。

常见的用于臭气收集和输送产品包括：风机、风管、风阀、吸气罩（口）、密闭罩、HDPE膜、膨润土（GCL）、玻璃钢盖板、反吊膜等。

11.3.1 一般要求

臭气收集系统设计和施工时应做好臭源的密闭措施，减少臭气从恶臭污染源（加料口、卸料口、分选机、渗沥液调节池、污水池等）向周围空间散发。根据各个臭气源区域的特点，可采用局部排风和全面排风相结合的方式，对臭气进行有效收集。

11.3.2 技术（设计）要求

1. 臭气密闭及收集

臭气密闭产品可分为用于室内臭源密闭产品和用于生活垃圾卫生填埋场臭源密闭产品，密闭形式包括整体密闭和局部密闭。垃圾压缩站、垃圾转运站、垃圾堆肥厂、垃圾厌氧消化厂、粪便预处理厂、垃圾焚烧厂等建筑物通常采用密闭罩等，生活垃圾填埋场作业区覆盖通常采用HDPE膜、膨润土（GCL）等，生活垃圾填埋场渗沥液处理池密闭通常采用玻璃钢盖板、反吊膜等。

密闭罩形式应根据工艺设备特点和操作要求确定，并优先采用整体密闭罩。全面排风除了要考虑臭气收集效果外，还要考虑收集过程中臭气的流向。通过全面排风口位置的合理设置，使车间或某大空间内的臭气由浓度低的地方向浓度高的地方流动，最后流向排风口，新鲜空气首先流向人员存在的地方。

环卫设施的以下部位（情况）应配置局部排风设施用于臭气收集和控制：

（1）垃圾（粪便）卸（受）料设施和卸料部位。

（2）垃圾（粪便）储槽（坑）。

（3）垃圾输送设备。

（4）敞开式垃圾分选设备。

（5）垃圾（粪便）堆肥发酵仓（容器）。

（6）垃圾渗沥液储存（调节）池及敞开式渗沥液处理设备（设施）。

现行国家标准《工业建筑供暖通风与空气调节设计规范》GB 50019对密闭罩的材质和设计风量等提出了相关要求。密闭罩材料应考虑臭气的腐蚀性进行合理选择，此外，在可能由静电引起火灾爆炸的环境，罩体应采用防静电材料制作或采取防静电措施。排风罩内的负压或罩口风速应根据污染物粒径大小、密度、释放动力及周围干扰气流等因素确定，有条件时，可采用工程经验数据。排气罩设计宜采用密闭罩。密闭罩的设计风量应按下列因素叠加计算：

（1）物料进入诱导的空气量。

（2）设备运转鼓入的空气量。

（3）工艺送风量。

（4）物料和机械散热空气膨胀量。

（5）压实物料排挤出的空气量。

（6）排出物料带走的空气量。

（7）控制污染物外溢从缝隙处吸入的空气量。

为了控制生活垃圾填埋场的臭气，填埋场作业区应减少和控制垃圾暴露面，及时覆盖，对渗沥液调节池进行封闭。《生活垃圾卫生填埋场运行维护技术规程》CJJ 93—2011 对膜覆盖材料的选择等提出了相关要求，膜覆盖材料应符合下列规定：

（1）覆盖膜宜选用厚度 0.5mm 及以上、幅宽为 6m 以上的黑色 HDPE 膜，日覆盖亦可用 LDPE 膜。

（2）日覆盖时膜裁减长度宜为 20m 左右，中间覆盖时应根据实际需要裁减长度，不宜超过 50m。

《城镇污水处理厂臭气处理技术规程》CJJ/T 243—2016 对渗沥液调节池密闭提出了相关要求。盖和支撑应采用耐腐蚀材料，室外盖应满足抗紫外线要求。构筑物加盖应考虑下列附加载荷：

（1）施工时的临时附加载荷。

（2）风、雪载荷。

（3）抽吸负压产生的附加载荷。

2. 吸气罩（口）

《城镇环境卫生设施除臭技术标准》CJJ 274—2018 对吸气罩（口）等提出了相关要求：

（1）面积与连接管断面积之比不应超过 16∶1。

（2）扩张角不应大于 90°。

（3）应采用耐腐蚀材料制作。

（4）位置应设置在臭气散发较集中的地方，采用外部吸气罩时应尽可能靠近臭气散发源。

（5）罩口外的气流组织应有利于臭气直接进入集气罩，吸气气流不应经过作业人员呼吸带。

（6）应布置在无干扰气流的位置，并应方便作业人员的操作和设备维修。

（7）吸气罩风量设计可参考现行行业标准《城镇环境卫生设施除臭技术标准》CJJ 274。

3. 风管、阀门

《城镇环境卫生设施除臭技术标准》CJJ 274—2018 对风管的管径设计、管道流速、材质、布置、管路压力等提出了相关要求。用于臭气收集和控制的排风管道管径应根据各管段风量、管内允许流速和管路水力平衡要求确定。臭气收集管道应选择抗腐蚀的材料，管道底部不宜设拼接缝，拼接缝处应采取密封措施。管道布置应简洁，并应设置坡向与气流方向一致的排水坡度和凝结水排放管。各支管路应设置调节阀门。应对臭气收集和控制排风管路进行压力损失平衡计算，两支管路的压力损失相差不宜大于 10%。风管内允许流速可参考表 11-5。

臭气收集和控制管道管内允许流速取值　　　　　　　　　　　　　　表 11-5

管道内粉尘情况	管内允许流速（m/s）	
收集气体粉尘较少时	干管	6～14
	支干管	4～10
	支管	2～8

续表

管道内粉尘情况	管内允许流速（m/s）	
收集气体带有大量粉尘时	干管	10～16
	支干管	8～14
	支管	6～12

4. 风机

《城镇环境卫生设施除臭技术标准》CJJ 274—2018 对除臭风机的风量和压力的选择、风机防腐和防爆性能等提出了相关要求，包括：

（1）用于臭气收集和控制的集中排风系统总风量和所选风机风量应在所有排风罩（口）排风量总和的基础上考虑10％～15％的余量，所选风机的升压应在最不利管路总压力损失的基础上考虑10％～15％的余量。

（2）抽气风机应具有防腐性能。

（3）用于收集可能含有可燃气体臭气的风机，应具有防爆性能。生活垃圾或其他有机垃圾可能长期堆放的空间以及垃圾渗沥液储存池间等空间易发生厌氧反应而产生沼气，这些空间散发的臭气中含有甲烷等可燃气体，如达到爆炸下限浓度则遇火花很容易爆炸，因此要求这种情况下的风机选择防爆型风机。

风机的选择设计还应符合现行国家标准《工业建筑供暖通风与空气调节设计规范》GB 50019 的有关规定。风机选型宜根据管路特性曲线和风机性能曲线进行选择，其性能参数应符合下列规定：

（1）风机的风量应在系统计算的总风量上附加风管和设备的漏风量，通风机的压力应在系统计算的压力损失上附加10％～15％。

（2）当计算工况与风机样本标定状态相差较大时，应将风机样本标定状态下的数值换算成风机选型计算工况风量和全压。

（3）风机的选用设计工况效率不应低于风机最高效率的90％。

（4）采用定转速通风机时，电机轴功率应按工况参数计算确定；采用变频通风机时，电机轴功率应按工况参数计算确定，且应在100％转速计算值上再附加15％～20％；通风机输送介质温度较高时，电动机功率应按冷态运行进行附加。

（5）风机需要并联或串联安装的情况下，其联合工况下的风量和风压应按风机和管道的特性曲线确定，并应符合下列规定：

1）不同型号、不同性能的通风机不宜并联安装。

2）串联安装的风机设计风量应相同。

3）变速风机并联或串联安装时应同步调速。

（6）当通风系统风量、风压调节范围较大时，宜采用双速或变频调速风机。

（7）电机功率大于300kW的大型离心式通风机宜采用高压供电方式。

除臭风机技术要求还可参照《城镇污水处理厂臭气处理技术规程》CJJ/T 243 的规定：

（1）风机壳体和叶轮材质应选用玻璃钢等耐腐蚀材料。当采用玻璃钢时，风机外壳表面应采用抗紫外线胶壳面。

（2）轴和壳体贯通处应无气体泄漏，并宜采用机油润滑冷却式轴承座。

(3) 叶轮动平衡精度不宜低于 G2.5 级，并应能 24h 连续运行。

(4) 应设置防振垫或阻尼弹簧减振器，隔振效率应大于或等于 80%。

(5) 风机宜配备隔声罩，且面板应采用防腐材质，隔声罩内应设置散热装置。

(6) 风机宜采用变频器调节气量。

11.3.3　施工要求

1. 臭气密闭

构筑物和设备的密闭加盖施工应符合下列规定：

(1) 应保证密封性。

(2) 应在设备安装完成后进行。

(3) 盖内施工结束前，盖内不应密闭且应保持通风状态。

(4) 应设置可开启式的门、窗或孔，并应预留设备所需的维修空间。

2. 吸气罩（口）

罩体需连接在垃圾滚筒筛、振动筛、圆盘筛等易振动设备上时，罩体与设备采用柔性连接。

3. 风管、阀门及支架

《通风与空调工程施工质量验收规范》GB 50243—2016 对风管及相关部件的制作、安装及验收提出了相关要求：

(1) 风管规格方面：金属风管规格应以外径或外边长为准，非金属风管和风道规格应以内径或内边长为准。圆形风管规格宜符合该规范表 4.1.3-1 的规定，矩形风管规格宜符合该规范表 4.1.3-2 的规定。圆形风管应优先采用基本系列，非规则椭圆形风管应参照矩形风管，并应以平面边长及短径径长为准。镀锌钢板及含有各类复合保护层的钢板应采用咬口连接或铆接，不得采用焊接连接。风管的密封应以板材连接的密封为主，也可采用密封胶嵌缝与其他方法。密封胶的性能应符合使用环境的要求，密封面宜设在风管的正压侧。钢板风管板材厚度应符合该规范表 4.2.3-1 的规定。

(2) 风管厚度方面：镀锌钢板的镀锌层厚度应符合设计或合同的规定，当设计无规定时，不应采用低于 $80g/m^2$ 板材；不锈钢板风管板材厚度应符合该规范表 4.2.3-2 的规定；铝板风管板材厚度应符合该规范表 4.2.3-3 的规定；硬聚氯乙烯圆形风管板材厚度应符合该规范表 4.2.4-1 的规定；硬聚氯乙烯矩形风管板材厚度应符合该规范表 4.2.4-2 的规定；微压、低压及中压系统有机玻璃钢风管板材的厚度应符合该规范表 4.2.4-5 的规定；无机玻璃钢（氯氧镁水泥）风管板材的厚度应符合该规范表 4.2.4-6 的规定，风管玻璃纤维布厚度与层数应符合该规范表 4.2.4-7 的规定，且不得采用高碱玻璃纤维布。风管表面不得出现泛卤及严重泛霜。

(3) 风阀方面：成品风阀的制作应符合下列规定：1) 风阀应设有开度指示装置，并应能准确反映阀片开度；2) 手动风量调节阀的手轮或手柄应以顺时针方向转动为关闭；3) 电动、气动调节阀的驱动执行装置，动作应可靠，且在最大工作压力下工作应正常；4) 工作压力大于 1000Pa 的调节风阀，生产厂应提供在 1.5 倍工作压力下能自由开关的强度测试合格的证书或试验报告；5) 密闭阀应能严密关闭，漏风量应符合设计要求。

(4) 风管取样口和风量测定孔方面，其设置可参照《城镇污水处理厂臭气处理技术规程》CJJ/T 243—2016 的规定：风管吸风口和风机进口处的风管宜根据需要设置取样口和风量测定孔，风量测定孔宜设置在风管直管段，直管段长度不宜小于 15 倍风管外径。

此外，现行行业标准《玻璃钢管和管件》HG/T 21633 对玻璃钢管和管件提出了相关要求，可供设计选型参考。

4. 风机

风机的施工和验收应符合现行国家标准《通风与空调工程施工规范》GB 50738 和《通风与空调工程施工质量验收规范》GB 50243 的相关要求。风机与空气处理设备应附带装箱清单、设备说明书、产品质量合格证书和性能检测报告等随机文件，进口设备还应具有商检合格的证明文件。设备安装前，应进行开箱检查验收，并应形成书面的验收记录。设备就位前应对其基础进行验收，合格后再安装。风机及风机箱的安装应符合下列规定：

（1）产品的性能、技术参数应符合设计要求，出口方向应正确。

（2）叶轮旋转应平稳，每次停转后不应停留在同一位置上。

（3）固定设备的地脚螺栓应紧固，并应采取防松动措施。

（4）落地安装时，应按设计要求设置减振装置，并应采取防止设备水平位移的措施。

（5）悬挂安装时，吊架及减振装置应符合设计及产品技术文件的要求。

（6）通风机传动装置的外露部位以及直通大气的进、出风口，必须装设防护罩、防护网或采取其他安全防护措施。

11.3.4 运行管理要求

1. 臭气密闭

正常运行时，加盖不应影响对构筑物内部和设备的观察采光要求，应采取防止雨水在盖板上积累的措施。盖上设置必要的透明观察窗、观察孔、取样孔和人孔，窗、孔应开启方便且密封性良好。禁止踩踏的盖设置栏杆或明显标志。

2. 吸气罩（口）

局部吸气罩（口）控制点风速的调节应符合下列规定：

（1）对于调速风机，风机启动后应将风量调至较小值，测试最远端的吸气罩（口）的控制点风速是否满足要求。当不满足时，应调高风机风量，直至最远端吸气罩（口）的控制点风速满足要求，并应利用阀门调节其他吸气口的控制点风速，每个吸气罩（口）的控制点风速应满足臭气控制的要求。

（2）当风机无调速功能时，风机启动后应通过调节阀门调节各吸气罩（口）的流量，每个吸气罩（口）的控制点风速应满足臭气控制的要求。

3. 风管、阀门

风管的密闭状况应按时巡视、检查，雨、雪、大风天气时应加强对风管的巡视。风管内的冷凝水应及时排除。

4. 风机

排风系统启动前应先检查风机、阀门、管路和吸（排）风罩等设施，确认所有设施具备启动条件。

风机的启动应符合下列规定：

（1）风机启动前应检查三相电源接线是否正确、牢固。

（2）风机启动前应打开进、出风管路上的所有阀门。

（3）需要水冷却的风机应检查冷却水管路是否接通。

（4）带变频调速的风机应测试在高转速和低转速下排风口的排风量，并应为日常运行提供基础数据。

风机检修防护方面，需注意以下几方面：

（1）大型风机应预留检修场地，并宜设置吊装设施及操作平台。风机露天布置时，其电机应采取防雨措施，电机防护等级不应低于 IP54。

（2）风机进、出风口不接风管或风管较短时，风口应设置安全防护网。风机与电机之间的传动皮带应设置防护罩。

（3）排出的气体可能被冷却而形成凝结物堵塞或腐蚀风管和设备时，风机应采取保温或防冻等措施。

（4）风机进、出口应设置柔性接头。

（5）宜设置风机入口阀。需要通过关阀降低风机启动电流时，应设置风机启动用的阀门，风机启动用阀门的设置应符合下列规定：1）中低压供电、供电条件允许且电动机功率小于或等于 75kW 时，可不装设仅为启动用的阀门；2）中低压供电、电动机功率大于 75kW 时，宜设置启动用风机入口阀；3）风机启动用阀门宜为电动，并应与风机电机连锁。

（6）大型离心式通风机轴承箱和电机采用水冷却方式时，应采用循环水冷却方式。

11.4　臭气处理

臭气处理系统包括（但不限于）臭气集中处理设备、除臭剂喷洒设备、净化后的气体排放设备和除臭剂。

常见的用于臭气处理的产品包括：洗涤除臭设备、生物除臭设备、吸附除臭设备、雾化喷嘴、风炮、排气筒、化学除臭剂、植物型除臭剂、生物型除臭剂、活性炭等。

11.4.1　一般要求

臭气处理系统需根据臭气成分、浓度、用地面积、空间高度、可操作性等工况条件选择适用的除臭设备产品，保证除臭效果以及使用的安全性。除臭效果应符合现行国家标准《恶臭污染物排放标准》GB 14554 及相关地方标准的要求。

环卫处理设施臭气处理工艺的选择，可参考以下原则：

（1）垃圾压缩站、垃圾转运站、粪便预处理场所通常为间歇式运行，运行阶段和非运行阶段的工况条件差别较大，宜选用洗涤塔等灵活性较强、可即开即用的除臭设备。

（2）垃圾堆肥厂、垃圾厌氧消化厂通常为连续式运行，宜选用生物除臭设备降低运行费用。

（3）垃圾填埋场收集的臭气可通过火炬燃烧或生物除臭设备等进行处理。

（4）垃圾焚烧厂在全厂停炉检修期间，垃圾坑内的臭气可采用活性炭吸附塔进行处理。

（5）单级除臭工艺不能实现达标排放时，需考虑合理采用多级组合除臭工艺。

除臭设备设计进气的臭气污染物浓度宜根据对所服务设施、类似设施的散发臭气污染物浓度实测值确定，臭气污染物浓度可用硫化氢、氨和有机硫化物浓度作为计算参数。

除臭设备的臭气处理能力应根据最大风量和最大臭气污染物浓度确定。

除臭设施（设备）性能应符合下列规定：

（1）除臭设备应具有较强的抗负荷冲击能力。

（2）除臭设施（设备）应节能、安全、耐用、稳定。

（3）除臭设施（设备）应操作便捷，维护保养方便。

（4）可根据臭气排放浓度调节运行参数。

11.4.2　技术（设计）要求

1. 化学洗涤

现行行业标准《城镇环境卫生设施除臭技术标准》CJJ 274 和《城镇污水处理厂臭气处理技术规程》CJJ/T 243 等对洗涤除臭设备的设计提出了相关要求。洗涤除臭设备设计应符合下列规定：

（1）根据污染物的成分、浓度和排放标准选择吸收剂和工艺级数。对不同特性发臭气体应使用不同的吸收剂，吸收剂包括酸、碱、氧化剂、植物液等，还需考虑吸收剂的物理化学性质、后续处理难易程度等技术经济指标；含有多种发臭气体的臭气，可选择两级或多级吸收工艺。

（2）应根据吸收剂施用量、吸收（洗涤）塔大小等因素选择液体分布器，吸收塔高度较大时宜选择管式分布器。

（3）与吸收剂接触的设备和管道应采用耐腐蚀的材料。

（4）吸收废液应处理后达标排放或达到纳管标准后排入城市污水管网。

（5）有耐腐蚀要求的运行环境，填料材质宜选用陶瓷或 PP、PE 等塑料。

（6）洗涤塔（器）的直径宜小于 4m。

（7）废气在填料层停留时间可取 1～3s。

（8）吸收塔填料的比表面积应大于 $100m^2/m^3$。

（9）填料式吸收塔空塔气流速度宜为 2～3m/s。

（10）填料层洗涤液喷淋密度不宜小于 $10m^3/(m^2 \cdot h)$ 或液气比宜大于 $1L/m^3$。

（11）填料空隙率宜为 0.45～0.95。

（12）填料层压力损失宜为 0.15～0.60 KPa/m。

（13）单层填料高度不宜大于 1.2m，当填料层总高度大于 1.2m 时，可采用分段布设。

（14）洗涤液输送管道应安装固液分离器，系统布液应均匀。

（15）宜采用不易堵塞且拆装方便的螺旋喷嘴。

（16）吸收塔气流出口应设置除雾器。

（17）除雾器对粒径大于 $25\mu m$ 的雾滴去除率应大于 98%。

《生活垃圾除臭剂技术要求》CJ/T 516—2017 对用于洗涤塔的化学除臭剂和植物型除臭剂的性能指标等提出了相关要求，如表 11-6、表 11-7 所示。

化学除臭剂主要性能指标　　　　　　　表 11-6

项目		指标
外观	液体	无分层现象
	固体	无潮解现象
成分	硫酸	应符合现行国家标准《工业硫酸》GB/T 534 的规定
	氢氧化钠	应符合现行国家标准《工业用氢氧化钠》GB/T 209 的规定
	次氯酸钠	应符合现行国家标准《次氯酸钠》GB 19106 的规定
性能指标	浓硫酸	H_2SO_4 质量分数≥92.5%
	氢氧化钠	固体中 NaOH 质量分数≥72%；液体中 NaOH 质量分数≥30%
	次氯酸钠	有效氯（以 Cl 计）质量分数≥5%

植物型除臭剂主要性能指标　　　　　　　表 11-7

项目		指标
成分		植物提取物、表面活性剂和水等，其中植物提取物含量≥10%
性能指标	硫化氢去除率	≥70%
	氨去除率	≥70%
	甲硫醇去除率	≥30%
	甲硫醚去除率	≥30%

注：植物型除臭剂需要进行稀释使用的，其稀释前的样品应满足以上成分指标，稀释后的样品应满足以上性能指标。

2. 生物除臭

现行行业标准《城镇环境卫生设施除臭技术标准》CJJ 274 和《城镇污水处理厂臭气处理技术规程》CJJ/T 243 等对生物除臭设备的菌种选择、设备结构、参数设计、填料选择等提出了相关要求。

（1）菌种

生物除臭工艺所选微生物宜为多种菌种组成的微生物菌群，并应具有安全性、稳定性和适应性。

（2）生物洗涤和生物滴滤除臭

应包括（但不限于）洗涤（滴滤）设备、生物液循环系统、生物液添加系统、控制系统、排出液处理系统和排气除雾装置。生物洗涤和生物滴滤除臭工艺设计应符合下列规定：

1）应根据臭气量、臭气浓度、排放标准、除臭工艺组合方案等因素确定适宜的洗涤塔和滴滤塔的设计空塔气体停留时间和气流速度。

2）洗涤塔和滴滤塔应有气流和水流均匀分布装置。

3）生物洗涤和滴滤除臭工艺应具有对吸收液流量、温度和 pH 的调节功能。

4）选择的生物填料应具有比表面积大、生物膜易生、耐腐蚀、耐生物降解、空隙率高、压损小及良好的布气布水等特性，使用寿命应大于 5 年。

（3）生物过滤除臭

工艺设计应符合下列规定：

1）生物滤池应根据现场用地情况选用整体滤池和分格结构滤池，采用分格式结构的，每格应单独维护，并应设备用格。

2) 生物滤池面积负荷可根据场地条件在 100～200m³/(m²·h) 范围内选择，滤料堆积高度宜为 1.5～2.0m。

3) 气体在生物滤池内的设计停留时间应根据臭气浓度在 25～40s 范围内进行选择。

4) 布气管道应做到布气均匀。

5) 应设置检修口、排料口和排水口，排水口应设置水封。

6) 应设置配气空间或导流设施。

7) 应采用耐腐蚀材料制作，填料支撑层应具有足够的强度。

8) 应设置气体加湿和滤料加湿系统，进入生物滤池的含臭气体的相对湿度应大于 98%，喷淋水量可按液气比 0.05～0.3L/m³ 计算。进气含灰尘等颗粒物时，生物滤池前宜设置水洗等预处理工艺。

9) 与化学洗涤塔组合时，洗涤塔与生物滤池之间应设气液分离装置，防止洗涤塔中的化学洗涤剂液滴进入生物滤池。

10) 填料在设计空塔流速下的初始压力损失不宜大于 1000Pa。

(4) 生物过滤设备滤料的选用和使用应符合下列规定：

1) 优先选用天然的且比表面积大的滤料。

2) 应具有生物膜易生、耐腐蚀、耐磨损、生物化学稳定性、一定的空隙率及表面粗糙度，并具有较好的表面电性和亲水性，价廉易得。

3) 无机滤料宜在制造过程中添加微生物生长所需的养分，并应做到对养分的缓慢释放。

4) 无机滤料使用寿命应大于 5 年，有机滤料使用寿命宜大于 3 年。

现行行业标准《生物除臭滴滤池》JB/T 12580 和《生物除臭滤池》JB/T 12581 也对生物除臭设备提出了相关要求，可供设计选型参考。

3. 吸附除臭

现行行业标准《城镇环境卫生设施除臭技术标准》CJJ 274 和《城镇污水处理厂臭气处理技术规程》CJJ/T 243 等对吸附除臭设备（活性炭吸附设备）的适用工况、设计参数、吸附剂等提出了相关要求。

适用工况方面，吸附式除臭宜用于臭气浓度较低场合的除臭，也可用于多级除臭的末级除臭。

设计方面有下列要求：

(1) 吸附塔内设计气流速度不宜超过 0.5m/s。

(2) 活性炭吸附单元的空塔停留时间，应根据臭气浓度、处理要求、吸附容量确定，且宜为 2～5s。

(3) 吸附式除臭设备宜采用固定床式，且应做到吸附剂易于更换。活性炭可采用分层并联布置方式，填料层厚度宜为 0.3～0.5m。

(4) 活性炭承托层强度应满足活性炭吸附饱和后的承重要求。

(5) 宜选择孔隙结构发达、比表面积大、吸附能力强、机械强度高、易再生的物质作为吸附剂。活性炭宜采用颗粒活性炭，颗粒粒径宜为 3～4mm，孔隙率宜为 50%～65%，比表面积不宜小于 900m²/g，填充密度宜为 350～550kg/m³。

《生活垃圾除臭剂技术要求》CJ/T 516—2017 对活性炭的性能指标等提出了相关要求，如表 11-8 所示。

活性炭主要性能指标　　　　　　　　　表 11-8

项目		指标
活性炭	水分	≤5%
	强度	≥90%
	性能指标	四氯化碳吸附率≥50%

4. 等离子除臭

现行行业标准《城镇环境卫生设施除臭技术标准》CJJ 274 和《城镇污水处理厂臭气处理技术规程》CJJ/T 243 等对等离子除臭设备的适用工况、设计参数等提出了相关要求。

等离子除臭设备的适用工况：臭气中可燃成分总浓度应低于混合爆炸下限。

设计方面有下列要求：

（1）等离子体除臭设备的离子发生器不宜与臭气接触，其中，含硫化氢及反应产物含腐蚀性成分的臭气处理，离子反应器不得与臭气接触。产生的等离子体可通过风机以等离子风的形式送入混风除臭箱与臭气混合。

（2）含液态水的臭气，在进等离子体反应器之前，应设除水器除水。

（3）等离子风在混风除臭箱内的停留时间应根据臭气浓度的大小确定，且宜大于 2s，混合风流速不宜大于 2m/s，混风除臭箱的压力损失不宜大于 400Pa。

（4）等离子体混风除臭箱内应设置排水装置，将冷凝水及时排放。

（5）等离子体除臭设备应选择耐腐蚀材料制作，结构应牢固。

（6）等离子体发生器应选择低能耗产品，功率不宜大于 $0.03W/(m^3/h)$ 处理气量。

（7）等离子体易损的离子管运行时间应大于 30000h。

（8）等离子体出口尾气含臭氧量应小于 0.15ppm。

5. 燃烧除臭

现行行业标准《城镇环境卫生设施除臭技术标准》CJJ 274 对燃烧除臭设备的适用工况、工艺选择、设计参数等提出了相关要求。

适用工况方面，处理臭气中可燃气体浓度在爆炸浓度范围以外时，可采用燃烧法除臭。

工艺选择及设计参数方面，可燃气体浓度超过爆炸浓度上限时，可采用直接燃烧法除臭，直接燃烧除臭设备的燃烧室温度宜高于 800℃，臭气停留时间宜大于 0.3s；可燃气体浓度在爆炸浓度下限以下时，可采用催化燃烧法除臭，催化燃烧温度宜为 300～400℃，臭气停留时间宜为 0.1～0.2s。

6. 排气筒

排气筒包括（但不限于）排气筒筒体、采样平台、采样口、爬梯。

现行国家标准《恶臭污染物排放标准》GB 14554 对排气筒的最低高度提出了要求，有组织排放源排气筒的最低高度不得低于 15m。

现行国家标准《固定污染源排气中颗粒物测定和气态污染物采样方法》GB 16157 对排气筒的采样孔、采样平台提出了相关要求。

采样孔设计应满足：内径不小于 80mm，采样孔管长应不大于 50mm。不使用时应用盖板、管堵或管帽封闭。当采样孔仅用于采集气态污染物时，其内径应不小于 40mm。

采样平台设计应满足：采样平台为检测人员采样设置，应有足够的工作面积使工作人员安全、方便地操作。平台面积应不小于 1.5m²，并设有 1.1m 高的护栏，采样孔距平台面约 1.2～1.3m。

11.4.3 施工要求

（1）洗涤除臭设备的施工安装应符合下列规定：

1）吸收塔的垂直度偏差（倾斜度）不应大于 0.5°。

2）静压孔流式液体分布器应在吸收塔安装就位且应调整好垂直度后再实施安装，其水平度偏差不得大于 5mm。

3）填料在装填前应去除表面油污，使用陶瓷填料的，填装前应去除其中的碎瓷片。

4）填料装填应使填料填充密度均匀，直径较小的填料塔宜采用湿法填充。

（2）生物除臭设备填料装填应均匀，填料层与池边壁不应留有缝隙，喷嘴安装前应冲洗干净。

（3）活性炭层应填充均匀，不应发生气体沟流现象，活性炭不应与铁质材料接触。

11.4.4 运行管理要求

（1）一般要求

1）应定期巡视、检查和记录动力设备的运行情况，并应定期对设备进行维护。

2）除臭系统启动前应检查供水、供电、供药情况，并确保各类阀门和监测仪表处于正常状态。

3）除臭系统计划长时间停用时，应对设备及系统管路进行清洗，并对各种传感器、探头及仪表采取保护措施。

4）除臭所用的化学品储罐、备用罐等应按相应的操作规程要求打开，化学品的使用及储藏应符合国家现行相关标准的要求。

5）除臭设备检修前必须停止运行，并应先排除内部气体，通入空气，确认安全后再进入设备内部检修，且进入设备内部检修的人员应佩戴安全防护用品。

6）废弃的除臭塔填料应得到无害化处理和处置，不得随意堆放、污染环境。

（2）洗涤塔运行操作应符合下列规定：

1）应根据设计确定的除臭剂浓度配制除臭剂溶液，做到浓度均匀。

2）在臭气收集系统启动前应先启动除臭液喷淋系统，使洗涤塔内的所有填料被除臭液湿润。

3）臭气收集系统启动后，宜根据臭气排放浓度调节液气比以及除臭液循环比率，确保臭气排放达标。

4）应根据填料塔中的填料压降上升情况，及时对填料进行清洗或更换。

5）应定期清洁洗涤塔底部、除雾器、喷嘴和除臭液管路。

（3）生物洗涤和滴滤除臭设施运行操作应符合下列规定：

1）生物洗涤和滴滤除臭工艺的喷淋（滴滤）液中应定期添加微生物生长繁殖所需的营养物质，并保持一定的温度，使微生物群体的数量和活性处于良好状态。

2）在生物洗涤和滴滤设备运行期间，宜根据臭气排放强度的变化调节液气比，使除臭效果满足排放标准和当地的臭气控制要求。

3）对喷淋和滴滤后的液体宜实施曝气，提高微生物活性和恶臭气体去除效率。

4）生物滴滤设施出现大量脱膜、生物膜过度膨胀、生物过滤床板结、土壤床出现孔洞短流等情况时，应及时查明原因，并采取有效措施处理。

5）应定期检查生物洗涤塔和滴滤塔的填料，出现挂碱过厚、下沉、粉化等情况，应及时处理，并根据需要补充或更换新填料。

（4）生物滤池除臭设施运行操作应符合下列规定：

1）含臭气体湿度较小时宜启动加湿措施，对进入生物滤池含臭气体的相对湿度进行控制和调节。

2）采用有机滤料时，应对滤料的性能实施经常性检测，发生板结、堵塞现象时应及时处理，并应根据滤池阻力的变化调整风机的风压。

3）滤料失效后应及时更换。

4）生物滤池排出的污水应得到无害化处理。

（5）活性炭吸附除臭设施运行操作和维护应符合下列规定：

1）对于气流中含尘量大、湿度高、温度高时，气体进入吸附除臭设备前应先除尘、除湿和降温，进入吸附设备的气流温度不宜超过 38℃，相对湿度不宜超过 50％。

2）应监视设施的压降值，及时更换碳料，防止舱内碳的粉化堆积产生堵塞。

3）应对室外设施做好夏季防晒处理，不宜在高温环境下运行。

4）设置在线热蒸汽再生的系统，应监控蒸汽的流量和压力，保证再生处理过程的有效性。

5）应定期对设施压力、振动、密封等情况进行检查。

6）可结合出口的臭气浓度确定碳料的再生次数和更换周期。

7）活性炭的存放，应有防火措施。

8）废弃的活性炭应装入专用的容器内，予以封闭，并进行无害化处理。

（6）等离子除臭设施运行操作和维护应符合下列规定：

1）除臭设施启动时，应提前启动离子发生装置。

2）除臭设施应保持管路系统和设备的清洁和密封。

3）应定期检查维护离子发生装置，发现破损、泄漏应及时更换。

4）应定期对空气过滤装置进行清洁，损坏或无法清洗的应及时更换。

5）应定期检查、记录离子除臭设施的风机运行状况。

6）应根据臭气浓度的变化调节离子发生器的功率，保证良好的除臭效果。

11.5　实践思考和建议

除臭标准方面，目前同一项除臭相关指标在不同标准中尚存在差异性，造成标准使用者选择指标的困惑。因此，建议在标准制定、修订的过程中加强协调统一。

《恶臭污染物排放标准》GB 14554—1993 规定，不同高度排气筒的排放标准值不同，但生态环境部办公厅于 2018 年 12 月 3 日发布的《恶臭污染物排放标准（征求意见稿）》中，不再根据排气筒高度执行不同的臭气浓度排放限值，而是统一执行 1000 的标准。因此，建议采用提高除臭效率替代增大排气筒的高度实现达标排放。

第12章 产品技术展望及标准需求

近年来，随着城镇化进程不断推进、环卫市场化改革不断深入以及农村环卫重视度不断提高，我国环卫市场的服务需求日益旺盛。

市容环境卫生行业的发展主要表现出以下趋势：

（1）机械化程度呈逐步提升趋势

近几年，我国市政环卫机械化进程较快，机械化清扫率从2012年的42.79%提升到2016年的59.70%，环卫机械化程度的提升有助于提高环卫行业的作业效率和作业质量。

随着环卫车辆制造行业的快速发展，生产的环卫车辆也越来越可以满足客户对清扫质量的要求。环卫企业通过加大环卫车辆的采购力度，不断提高服务项目的机械化程度，从而进一步改善服务质量和服务水平。

（2）环卫信息化和智能化水平不断提高

环卫信息化和智能化，是指运用信息技术，特别是计算机技术、网络技术、通信技术、控制技术等，改善环卫系统运作和管理模式，提高环卫系统的运作效率和服务水平。当前我国的环卫信息化和智能化建设处于起步阶段，但随着智慧环卫投入力度的加大和技术进步的推动，环卫信息化系统功能不断增强，并呈现以下发展趋势：1）整合各方资源，构建环卫大平台；2）结合物联网新技术，进一步提高环卫信息系统的效率；3）重视数据分析建设，优化环卫决策支持。

通过环卫信息化和智能化，实现管理流程科学化、管理主体多元化，提高环卫管理水平，从而实现环卫"科学、严格、精细、长效"的管理。目前，启迪桑德、龙马环卫等同行业公司和发行人已经陆续开始环卫信息化的建设，保障环卫项目的高效管理和运营效率。

（3）环卫一体化趋势日益凸显

随着环卫市场化改革的深入，环卫一体化的趋势越来越明显。环卫一体化的发展趋势主要体现在以下几个方面：1）城乡一体化，其涵盖城区、乡镇、村庄的道路、公路、河道等一体化环卫作业，随着乡村振兴战略和对乡村人居环境的重视，城乡一体化是未来重要的发展趋势；2）水陆一体化，其包括道路清扫保洁和水域保洁养护，水域保洁的作业内容包括河道、河塘、湖泊、水库等水域、水体的保洁及养护，水陆一体化具有明显的地域特征，比较常见于河道密集的南方地区；3）全产业链化，其是指针对垃圾固废的收集、运输、处理全部由一家运营商提供，从而明确责任主体，提高管理效率，目前主要适用于固废垃圾全产业链的企业；4）投资建设和运营服务一体化，环卫服务企业通过PPP模式提供整体前端的环卫车辆、设备和相关基础设施的规划、建设和后端的运营服务；5）服务区域扩大化，单一服务项目的区域逐步从早期的一个街道、片区逐步扩大到大中型城市的一个区、整个城市等，对运营服务企业的资金实力、管理能力和服务质量提出更高的要求。

12.1　主要新产品

国内外市容环境卫生新产品、新技术、新概念的开发应用主要包括以下几个方面：

（1）环卫机械：扫路车、洒水车、除雪车、抛雪机、除雪铲、除冰机、除冰剂、融雪剂、除雪刷、吸污车、厨余垃圾车、果壳箱清洗车、自卸车、垃圾收集清运车、垃圾转运车、垃圾压实机、电动车环卫车、环卫专用机械、特种车辆等新型环卫车辆，尤其是新能源环卫车辆以及配套垃圾分类的环卫车辆越来越多。

（2）移动厕所、免冲洗厕所、生态厕所、智能厕所。

（3）垃圾桶、废物箱、果壳箱、喷雾机等各种分类收集容器等产品。

（4）垃圾智能分拣装备，建筑垃圾破碎、筛分装备，厨余垃圾破碎、筛分、制浆设备等。

（5）填埋场渗沥液渗漏及位置检测技术，垃圾渗沥液高效蒸发技术等。

（6）粪便处理一体化处理设备。

（7）智慧环卫、智能环卫设备，环卫物联网技术应用等。

12.1.1　智慧环卫

智慧环卫，是依托物联网技术与移动互联网技术，对环卫管理所涉及的人、车、物、事进行全过程实时管理，合理设计规划环卫管理模式，提升环卫作业质量，降低环卫运营成本，用数字评估和推动垃圾分类管理实效。智慧环卫所有服务部署在智慧城市管理云端，对接智慧城市网络，以云服务方式随时为管理者及作业人员提供所需的服务。

目前智慧环卫先行的企业有北京环卫集团、桑德环卫、杭州锦江、盈创回收等，实践城市包括昌邑市、德州市、青岛市等，主要模式即通过企业云平台或大数据的建立，实时监控垃圾收运等各节点情况。

智慧环卫是环卫信息化的升级，是智慧城市建设的一个重要组成部分，智慧环卫当下及未来发展需要以"互联、精细、智能"三部曲实践环卫行业智慧化。

（1）"互联"，即通过互联网，企业可以广泛连接各种伙伴，优化业务模式，提高协作水平。传统的生产、设计、采购、服务、营销模式在互联网的影响下，发生创新、优化、更替。比如：固废综合处理园区协同处理模式、再生资源回收与生活垃圾收运两网融合模式等方面都需要互联互通。

（2）"精细"，是指互联网时代需要科学管理，对精细管理提出了更高的要求，将互联网和新技术广泛融入企业精细化管理过程，打造运营的核心能力。比如：基于环卫作业车辆的北斗卫星导航示范应用、智慧垃圾分类应用、危废与特种废弃物全生命周期监管应用等方面都需要精细化的溯源管理。

（3）"智能"，即意味着以互联网、物联网、大数据等为依托，通过商业分析、自动化等手段，提升企业洞察力、能动性、自组织能力，更好地适应多变的新环境。比如：环卫大数据平台应用趋势分析、设施运营及环境数据预警预判分析、多维度数据辅助决策支持等方面都是智慧化的具体体现。

12.1.2　新能源环卫车

在能源供应和环境保护的压力下，发展新能源汽车已被列入国家战略。《国务院办公厅关于加快新能源汽车推广应用的指导意见》（国办发〔2014〕35号）提出以纯电驱动为新能源汽车发展的主要战略取向，把公共服务领域用车作为新能源汽车推广应用的突破口。环卫系统作为公共服务领域的一部分，各新能源汽车示范推广城市政府也将购买使用新能源环卫车作为新能源汽车推广应用工作计划的一部分。

截止到工业和信息化部《车辆生产企业及产品》第273批公告，纯电动环卫车有效公告已达到207个，涉及46家环卫车辆改装企业19种车型。目前的纯电动环卫车可按照垃圾收集转运车、粪便车、路面保洁作业车分为三大类，总质量3.5t以下小型纯电动环卫车占市场的主流。

为了今后能更好发展新能源环卫车辆，必须加大对配套设施的扶持力度，并做好建设规划，按部就班地推进，从而真正实现环卫车辆的节能环保，降低人类对环境的破坏以及对不可再生资源的合理应用，减少温室气体排放和减轻对原油进口的依赖。

（1）优先采购新能源环卫车

在环卫车采购活动中，应优先采购新能源车。同时鼓励民营环卫企业在新增和更新环卫作业车辆时选购新能源车。政府部门应持续组织开展新能源环卫车的检测工作，并对达到标准要求的车型予以动态发布，供各环卫管理部门和环卫企业在采购中选择。

（2）加强充电配套设施建设

为配合新能源环卫车配置工作的推进，各作业单位应根据环卫作业车辆8年报废年限和预期因作业任务量增加而需增加作业车辆的实际情况，及车辆的最大总质量和作业班次的安排，测算各环卫停车场因新能源车充电需要而出现的电负荷量增加情况，明确充电设施的配置计划，并与区域的供电部门接洽，落实解决电力的扩容问题。

（3）加强安全运行管理

要密切关注新能源车在实际作业中的使用情况，发现问题及时向各环卫管理部门反馈。要认真组织新能源车驾驶人员的培训，了解和掌握新能源的特性和车辆的有关安全操作规程，确保新能源环卫车的安全、有效使用。

12.1.3　智能分拣设备

人工智能是计算机科学的一个分支，它企图了解智能的实质，并生产出一种新的能以人类智能相似的方式做出反应的智能机器，该领域的研究包括机器人、语言识别、图像识别、自然语言处理和专家系统等。垃圾分类可以保护环境，日常生活垃圾的分类是由每个人的环保意识去完成的。

芬兰是最先将人工智能应用于垃圾分选领域的国家，核心科技是机器人垃圾分拣流水线。他们所使用的机器人融入了多种传感器，包括3D扫描器、金属探测器、光谱仪、重量计等。这些传感器收集来的数据，会输入到AI系统里进行判断和分辨，然后再给机械手下达指令。目前该机器人流水线可以同时拥有3个机械手，一小时可捡起6000个可回收垃圾，效率比之前提高429%。

目前，人工智能分拣设备在生活垃圾和建筑垃圾的分类中已有研究应用，但该设备多为原装进口，成本高，供货期长，检修难。如何降低成本及国产化是该设备在环卫领域发展的主要方向。

12.1.4　填埋场渗漏检测技术

卫生填埋场底部一般铺设土工膜和黏土层来防止渗沥液的渗漏。受施工因素影响，如土工膜刺穿、接缝分离和底部黏土层不均匀沉降而导致土工膜拉裂等，土工膜难以保障没有孔洞或裂隙的存在，黏土层如处理不好，也易产生裂隙，所以即使具备双层防渗处理的填埋场，也难以保障不会有渗沥液渗漏。一旦渗沥液渗漏到地下水土中，将造成严重污染。

美国在垃圾填埋场渗漏检测技术领域遥遥领先，日本次之，韩国和欧洲也有一定的研究实力，中国起步较晚。

垃圾填埋场的渗漏监测技术主要分为电学检测方法和非电学检测方法。电学检测方法包括双电极法、电极-偶极子法和电格栅法。非电学检测方法包括地下水监测法、示踪剂法和地球物理法。

（1）双电极法

双电极法就是利用两个电极来进行测漏，其利用了渗沥液的导电性和 HDPE 膜的绝缘性：具体为设置两个电极，一个埋设在垃圾填埋场内部，作为发射电极，另一个放置在填埋场外近地表面的土壤中，作为接收电极。当 HDPE 膜不存在漏洞时，即使给两个电极加一定的电压，也不能形成回路，则无电流；当有漏洞时，电流就可以将渗沥液或地下水作为导体穿过漏洞从而形成一回路，显示一定的电流值。

（2）电极-偶极子法

在填埋场内和外分别放置一个电极，分别作为发生电极和回流电极，并分别接高压直流电源的正极、负极来进行供电，从而建立电场，然后在膜上方介质中放置具有一定间距的一对检测电极，通过这对检测电极来测量表层的电压，根据电压峰值来判断渗漏位置的所在。

国内现有的便携式渗漏检测装置一般采用该原理。

（3）电格栅法

施工时在 HDPE 膜下安装用导线做的电极格栅，当有渗漏发生时，被渗沥液浸湿的电极会显示出比没有被浸湿的电极更高的电压，且有较多渗沥液的区域比渗沥液较少的区域的电压高。根据这一原理，通过绘制电压分配图可以判断出漏洞的位置、大小和数量。

近几年，电极格栅测漏技术在中国逐渐开始走向市场，一些企业也开始了相关装置的研究和生产，但是其不适用于已建成的垃圾填埋场，因为电极格栅必须在施工时就放入填埋单元。

（4）地下水监测法

地下水监测法主要是通过对垃圾填埋场周围的地下水监测井进行采样，来判断该地是否存在渗漏。当填埋场发生渗漏时，有渗沥液从破损处流入地下水，因此地下水中的污染物浓度将会超标。

目前，国内垃圾填埋场多采用这种技术，但其缺点在于只能判断出填埋场发生渗漏的程度，并不能找到破损位置。

（5）示踪剂法

该方法是将采样收集探针插入到填埋场周边近地面的土壤中，并把一种挥发性较好的化学示踪剂注入垃圾填埋场中，再通过传感器检测，如果相应传感器在特定位置检测到示踪剂，则表明有渗漏。该方法可用于任何填埋物和任何阶段的填埋场的检测，但是大多数示踪监测系统均不能发现漏洞的位置，只能确定防渗膜是否存在漏洞，另外，系统自动收集、分析样品的技术还不够成熟，有些甚至需要技术人员对土壤气体进行人工收集和分析。

（6）地球物理法

通过超声传感器接收的声压来检测垃圾填埋场的漏水情况。这一方法有以下缺点：首先超声设备一般都比较昂贵；其次，为使超声波以声源进入试件，一般需要耦合剂，且堆体表面较粗糙、结构粗大不均匀的情况下，会对超声波传感器的检测精度产生影响。

上述几种垃圾填埋场渗漏检测方法，美国、日本、德国等均申请了相当多的专利，目前该技术已经进入成熟阶段，新申请的专利主要在于对现有技术的一些改进。中国起步较晚，与国外相比还存在着一定的差距，真正拥有专利技术、产品的企业还十分缺乏。

现阶段国内填埋场重施工，轻运营，渗沥液渗漏问题普遍存在，因此在设计阶段、施工阶段就做好渗沥液渗漏及位置检测装置是很有必要的。填埋场渗沥液渗漏及位置检测装置作为新产品，在中国还有待发展。

12.2 标准需求

针对目前国内市容环境卫生行业产品标准不完善的问题，建议编制表 12-1 中的设备产品标准，用以指导市容环境卫生行业设备及产品的设计、安装、使用和维护，完善行业标准体系。

建议编制的标准

表 12-1

序号	标准领域
一	公共厕所
1	堆肥式免冲厕所技术要求
二	收集转运
1	勾臂或绞盘式钢丝索引垃圾箱
2	水域保洁标准
3	清扫机械扫盘（技术要求）
4	生活垃圾分类标准
5	垃圾智能化收运标准
三	处理处置
1	生活垃圾焚烧厂入炉垃圾特性要求
2	流化床焚烧厂生活垃圾预处理技术要求
3	生活垃圾焚烧厂烟气处理技术要求
4	厨余垃圾卸料、分选、破碎、制浆、油脂分离等预处理设备
5	厨余垃圾浆液处理厌氧反应器

序号	标准领域
三	处理处置
6	厨余垃圾沼气脱硫净化装置
7	建筑垃圾破碎、筛分等预处理设备
8	建筑垃圾资源化利用设备
9	建筑垃圾取样与分析方法
10	粪便处理格栅机、一体化处理机等预处理设备
11	粪便生物及资源化处理装置
12	渗沥液纳滤、反渗透浓缩液减量化
13	渗沥液及浓缩液蒸发